软件架构基础

SOFTWARE ARCHITECTURE FUNDAMENTALS

dpunkt.verlag

iSAQB®软件架构专业人士认证基础级（CPSA-F®）学习指南

A Study Guide for the Certified Professional for Software Architecture®
—Foundation Level iSAQB compliant

[德]
玛布巴·加尔比　阿尔内·科舍尔
安德烈亚斯·劳施　霍尔格·蒂迈尔
著

张盟　姜艺　刘鑫　徐烨
译

同济大学出版社·上海
TONGJI UNIVERSITY PRESS · SHANGHAI

图书在版编目（CIP）数据

软件架构基础：iSAQB 软件架构专业人士认证基础级（CPSA-F）学习指南 /（德）玛布巴·加尔比（Mahbouba Gharbi）等著；张盟等译. -- 上海：同济大学出版社，2025. 7. -- ISBN 978-7-5765-1212-0

Ⅰ. TP311.1-62

中国国家版本馆 CIP 数据核字第 2024SP5866 号

软件架构基础：iSAQB® 软件架构专业人士认证基础级（CPSA-F®）学习指南

［德］玛布巴·加尔比（Mahbouba Gharbi）　［德］阿尔内·科舍尔（Arne Koschel）
［德］安德烈亚斯·劳施（Andreas Rausch）　［德］霍尔格·蒂迈尔（Holger Tiemeyer）　**著**
张盟　姜艺　刘鑫　徐烨　**译**

责任编辑　王映晓　　**责任校对**　徐逢乔　　**封面设计**　完　颖

出版发行　同济大学出版社　　www.tongjipress.com.cn
（地址：上海市四平路 1239 号　邮编：200092　电话：021-65985622）
经　　销　全国各地新华书店
印　　刷　上海颛辉印刷厂有限公司
开　　本　787 mm×1092 mm　1/16
印　　张　10.75
字　　数　223 000
版　　次　2025 年 7 月第 1 版
印　　次　2025 年 7 月第 1 次印刷
书　　号　ISBN 978-7-5765-1212-0

定　　价　78.00 元

作者前言

除了积极的团队和优秀的管理之外，软件架构也是保证软件项目成功的一个重要因素。从系统设计和构建角度来说，稳固的软件架构可确保满足产品的质量需求，如易扩展性、灵活性、性能等，同时还能保证其上市时间。

软件架构师的工作职责就是在客户需求与可行的技术方案、当前条件和限制之间进行协调。此外他们也保证创建出合适的软件结构以及各个系统组件之间流畅交互。在整个团队中，架构师须与软件开发工程师以及其他项目的相关人员保持密切协作。

iSAQB®(International Software Architecture Qualification Board)是一家以软件架构师培训、考试及认证标准制订为己任的独立国际机构。本书是以 iSAQB® 的认证软件架构专业人士——基础级(Certified Professional for Software Architecture-Foundation Level，CPSA-F®)课程内容为蓝本编撰而成的。

书中内容以 4.1.1 版本的教学课程纲要为基础编写，新增有关领域驱动设计(Domain-Driven Design，DDD)的各方面内容。DDD 能够有效帮助软件架构师设计大型功能架构，并提高架构师对各个功能模块之间整体交互情况的了解和认知。目前的课程内容还涵盖包括微服务在内的大量新架构模式。

通过 CPSA-F® 认证，软件架构师将熟练掌握中小型系统设计各个方面的知识和技术，并能够根据详细的需求规格说明设计出合适的软件架构，同时编撰配套文档。通过 CPSA-F® 认证的读者将能够依靠自身所掌握的技术以及实践经验，根据实际问题作出针对性的设计决策。

本书能够帮助读者准备认证考试。作为学习前提，本书适合在软件系统设计和开发领域已经具备一定关于设计和开发软件系统的实践经验，掌握至少一门高级编程语言，并了解关于统一建模语言(Unified Modeling Language，UML)的基础知识的读者。考虑到课堂知识无法代替与其他软件架构师之间的交流学习，我们建议各位读者积极参加 iSAQB® 的各类线上线下活动。

相信我们在软件和系统工程以及在大中型 IT 系统设计构建领域中多年的丰富经验能够让读者有所收获。

衷心希望读者能够享受本书的学习过程，祝大家在 CPSA-F® 培训及认证的征途中一切顺利！

Mahbouba Gharbi，Arne Koschel，Andreas Rausch，Holger Tiemeyer

2018 年 12 月

译者前言

软件架构作为软件工程的一个重要分支，在各个领域发挥着举足轻重的作用。随着计算机技术的发展，尤其是数字化向其他领域的迅速扩展，越来越多实际应用的系统设计，尤其是软件系统设计，面临着不断变化和日益复杂的需求与挑战。例如，汽车工业中对车载操作系统的迫切需求以及各大汽车企业数字化转型的战略趋势都充分证明了这一点。

iSAQB®（International Software Architecture Qualification Board，国际软件架构认证委员会）作为软件架构领域知名的独立国际机构，由 150 多名咨询公司和教育界的精英以及行业专家组成。多年来，iSAQB® 在全球范围内致力于推动软件架构知识的普及以及相关培训和认证的标准化。基于其平台，iSAQB® 在国际上陆续推出了基础级、高级和专家级的分级培训认证体系，深受包括众多世界 500 强企业在内的业界广泛认可和采纳。此外，依托于 iSAQB® 的培训和认证体系，相关的专业著作也作为教学内容的补充和深化，陆续在全球范围内出版和热销。本书正是这类专业著作之一。

作为 iSAQB® 的首位中国籍会员，译者在几年前偶然接触本书，并在接受 iSAQB® 体系的培训和考试过程中通过这本书获得了很大帮助，从而萌生了将这本书引入中国的想法。经过几年的准备，历经多轮翻译和审核，很高兴本书终于要与大家见面了。

对于那些还不熟悉 iSAQB® 体系的读者，本书将为您提供一个系统化的介绍。对于那些已经进入计算机或相关行业，并开始接触或准备涉足软件架构领域的读者，相信本书也将为您提供一个完整且深入的知识体系总结和梳理。本书同样也适合备考 iSAQB® 的 CPSA-F® 认证的读者，以及所有致力于推动软件架构事业发展的专业人士阅读。

愿您在阅读本书和学习的过程中，享受一段愉快且富有收获的心灵旅程。

由于专业水平有限，加之本书的内容覆盖面较广，理解和翻译过程中难免会出现错漏。在此，诚挚欢迎广大同行和读者朋友批评指正。

译者

2024 年 8 月 14 日于德国

目 录

1 引言

如今，从企业经营到日常工作、社会生活，软件几乎无处不在。倘若没有软件，航空旅行、手机通信、银行转账和车辆驾驶几乎都无法完成。从洗衣机到汽车，基于软件控制的组件在每家每户及诸多日常设备中随处可见[BJ+06]。但软件通常并非自主运行，而是需要嵌入至硬件与电子设备中，或作为业务流程的一部分，助力企业创造价值[TT+00]。

企业与产品的价值及其在商业上的成功越来越取决于软件和软件质量(详见[BM00]、[SV99]和[TT+00])。因此，如何在保证软件质量的同时以更低的成本、更高的效率实现以满足软件日趋复杂的需求，是软件工程师目前面临的主要难题。

同时，随着体量和复杂程度的不断提高，软件系统已经成为了人类迄今为止所创造的最为复杂的人造系统之一。其中最典型的例子就是互联网，堪称全球化软件系统。如今，互联网甚至已跨出地球，走进太空，融入国际空间站。

结构化与系统化的设计方法对成功开发软件系统至关重要。尽管目前已采用成熟的软件开发方法，但以失败告终的软件项目数量仍是一个惊人的数字。因此，我们需要尽量避免错误，或在软件工程初期阶段及时发现错误，并将其扼杀于萌芽状态。而此处所指的初期阶段包括需求工程和软件架构。正如系统化软件开发领域的先驱者之一恩斯特·德纳特(Ernst Denert)曾指出的，软件架构是“终极的软件工程学科”(引自[Sie04]中德纳特的前言部分)。

1.1 软件架构——软件工程中的重要学科

早在20世纪60年代，人们就已发现软件项目中的各类问题，这些问题在当时被称为“软件危机”。1968年10月7—11日，北约科学委员会邀请了62名国际知名研究学者和专家前往德国加尔米施参加有关软件开发未来发展的会议。在今天看来，此次会议被认为是现代软件工程诞生的标志[Dij72]。

相比拥有数千年历史的传统工程学科(如建筑学)，软件工程还是一门非常“年轻”的学科。因此，软件架构作为其中一门分支学科更为“年轻”也不足为奇。图1-1展示了自20世纪90年代以来，软件架构领域逐年递增的出版物数量[Reu12]。图中数据摘自全球规模最大、知名度最高的发行数据库之一——The Web of Knowledge。

从建筑学的悠久历史中可以发现，其先驱者之一——马尔库斯·维特鲁威·波利奥

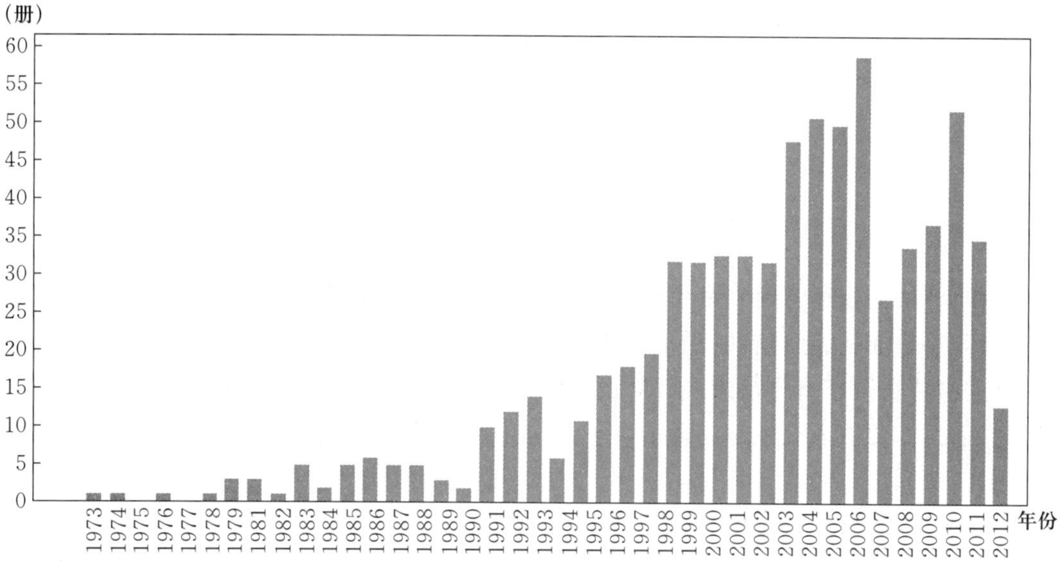

图 1-1　1973 年以来软件架构领域的出版物数量[Reu12]

(Marcus Vitruvius Pollio，公元前 1 世纪罗马建筑学家)曾在《建筑十书》(*De architecture* [Vit60])中提到,优秀的建筑结构离不开以下要素的巧妙结合(图 1-2)。

- 实用(Utilitas):建筑物应履行其功能。
- 坚固(Firmitas):建筑物应稳固、耐久不损。
- 美观(Venustas):建筑物外观应赏心悦目。

这一理论可以直接应用于软件架构领域。软件架构的目标(同时也是软件架构师的主要工作任务)正是构建一套能够完美平衡以下三项属性的系统。

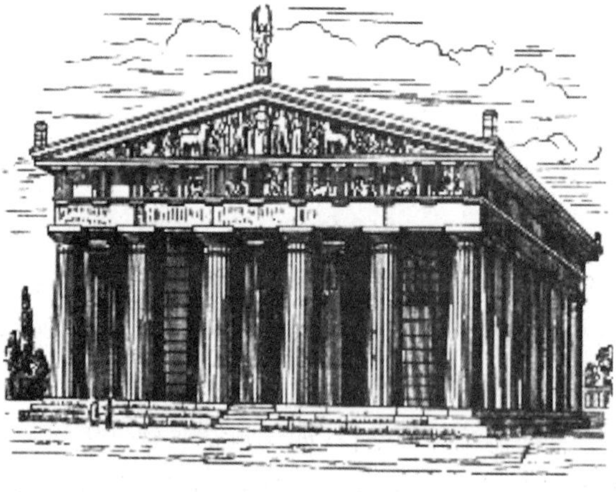

图 1-2　古罗马建筑

- 实用:软件应能够满足客户及软件使用者的各项功能性、非功能性需求。
- 坚固:软件应在限定的质量需求条件下(例如,要同时支持的用户数量)保持稳定。同时还需预留适当的优化扩展空间，以避免未来彻底重构系统。

■ 美观：软件的结构应当在使用时直观简便，同时易于维护和开发。

1.2 iSAQB®

软件架构是一门非常“年轻”的学科。虽然目前与这一学科相关的出版物数量众多，但对于其在计算机科学与信息技术这个大范畴内的准确范围和定位仍存在很多不同观点。同时，对于软件架构师的工作任务与职责也存在诸多定义方式，且往往需要随着项目进展不断调整。

相比之下，项目管理、需求工程和测试等其他软件工程分支学科则拥有更为成熟的知识体系。目前很多独立机构提供的培训课程都对这些分支学科所需的知识与技能作出了明确、详细的界定（有关测试请访问 www.istqb.org，有关需求工程请访问 www.ireb.org，有关项目管理请访问 www.pmi.org）。

2008 年，一批来自工业界、学术界的软件架构专家共同组建了 iSAQB®，并依据德国法律将其注册成为协会（iSAQB® e.V.，www.isaqb.org）。iSAQB®的目标是制定一套独立于所有产品和企业的软件架构师的培训和认证标准。其三级认证体系（基础级、高级、专家级）可以帮助软件架构师按照业界认可的流程，对自己的知识、经验和技能水平进行认证（图 1-3）。

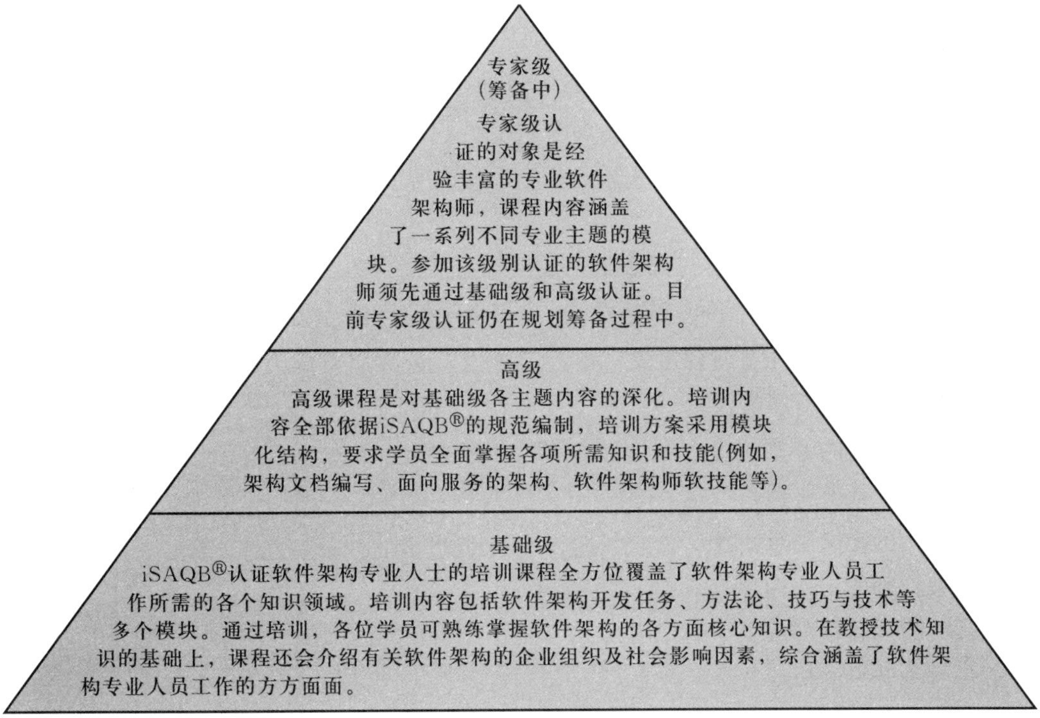

图 1-3 iSAQB® 三级认证体系(www.isaqb.org)

标准化的培训体系能够消除前文所述软件架构在概念上的不确定性，让广大有志深耕于软件架构领域的人才，以及相关企业和培训机构都能够从中获益。同时，精准的培训课程内容能够依据行业认可的知识标准提供高质量的培训服务，对于潜在软件架构师的考试认证也至关重要。

软件架构专业人士(Certified Professional for Software Architectur，CPSA®)的认证工作由独立机构负责开展。CPSA®基础级认证将从 iSAQB®制定的一系列非公开问题中集中抽取问题进行考核，所有问题均与课程内容相匹配。此外，高级认证还要求被认证人通过实操认证，并参加授权培训课程(或获得同等效力的非 iSAQB®认证资格)。专家级认证目前仍在筹备中。

此外，还有很多授权培训机构可提供多种课程，以帮助读者复习、深化相关领域知识。培训课程仅为推荐参加，并非认证考试报名的硬性要求。

1.3 认证软件架构专业人士——基础级与高级

目前，iSAQB®已针对 CPSA®基础级和高级认证制定了明确的认证指南。

高级认证采用模块化体系，针对下列各项核心能力领域为专业 IT 人员提供专门的课程。

- 统筹能力：非技术相关，针对 IT 项目制定系统化方案的能力；
- 技术能力：运用技术完成设计任务的能力；
- 沟通能力：沟通交流、演示、表达和会议等有助于在软件开发过程中提升效率的技能。

参加高级认证需要具备下列前提条件。

- 完成软件架构专业人士基础级(CPSA-F®)培训及认证；
- 至少 3 年的 IT 领域职业经验；
- 深入参与过至少 2 套不同 IT 系统的设计开发工作；
- 三项能力领域所获总分不低于 70 学分(且每项不低于 10 学分)。

高级认证考试由两项内容组成：(1)针对预设任务提出解决方案；(2)与 2 名独立考官就该解决方案进行答辩讨论。

基础级认证的考核内容主要为 iSAQB®课程大纲[isaqb-curriculum]所规定的相关知识与技能。其中包括：

- 软件架构的定义和重要性；
- 软件架构师的工作内容与职责；
- 软件架构师在软件项目中的作用；
- 软件架构开发的最新方法与技术。

基础级认证侧重于考查读者的下列技能：

- 与需求管理、项目管理、测试及开发的各相关方协作制定软件架构的关键决策；

- 从视图、架构模式和技术概念角度对软件架构进行沟通协商及文档编写；
- 理解软件架构设计的主要步骤，并能够独立将其实施于中小型系统。

基础级培训课程将以高度细化的需求规格说明为依据，以中小型系统的软件架构解决方案为载体，为读者传授必要的架构设计和文档编写知识。此阶段所学习的软件架构将在后期用作项目实现的模板。读者将在自身过往实践经验的基础上，学习如何针对具体问题作出设计决策。

图 1-4 展示了 iSAQB® 认证 CPSA-F® 培训中各个模块的内容和占比情况。

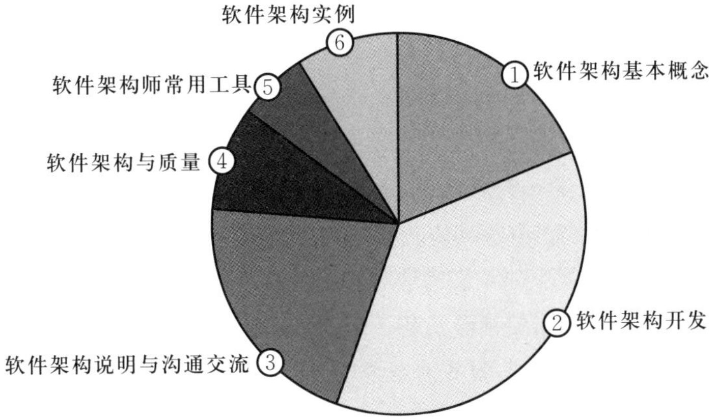

图 1-4　iSAQB® 认证软件架构专业人士基础级课程结构

目前，有多家独立机构可提供基于 iSAQB® 课程大纲的认证服务。认证考试的主考方将使用 iSAQB® 编写的标准问卷作为考试题目。考试题目采用多选题形式，保证能够客观衡量考试结果。

当然，认证考试只能在纸面上考查读者的软件架构能力，读者还需在实际工作中一展才华，证明自己。

1.4　编撰本书的目的

本书是由 iSAQB® 的委员们在制定认证软件架构专业人士基础级课程大纲的过程中编撰的。主要目的是对通过 CPSA-F® 考试所需的必要知识，以及成功开展软件架构工作所需的基础知识进行简明总结。因此，本书是基础级 CPSA® 备考的理想参考资料。除学习本书之外，各位读者也可报名参加相应的培训课程，通过课程有计划地学习软件架构的实际工作范例，汲取培训讲师的亲身工作经验，不要仅局限于书本知识。

本书重点介绍系统性的技能知识，具体的实现技术和工具不在标准化培训内容的范畴之内。书中出现的特定注释和字母缩写（如 UML）仅作示例使用。书中将展示多种范例，但不会展开介绍具体的过程模型或特定的开发过程。

有关软件架构的重要术语和概念，以及其各自与其他相关学科的关系会在书中作出解释说明。在此基础上，本书介绍了软件架构设计开发、说明与沟通协商以及质量保证等相关领域的基础方法和技巧。此外，还会介绍软件架构师的工作职责、工作内容、工作互动、工作环境，以及软件架构师在企业和项目结构中所发挥的作用。

1.5 前提条件

如前文所述，在学习本书及 iSAQB® 的课程内容之前，读者需要具备一定的软件开发经验。下列内容也属于软件架构师必备的技能和经验，但是并未包含在本书及 iSAQB® 的课程内容中。

- 拥有多年软件开发实践经验，参与过不同项目或系统的编程工作；
- 深入了解并熟练掌握至少一种高级编程语言；
- 掌握基本的建模、抽象及 UML 知识，尤其是类、包、组件、时序图及其与源代码的关系；
- 拥有一定的技术文档编写经验，尤其是对于源代码、系统设计及技术概念的文档编写。

如果读者在面向对象的相关领域具备一定的知识经验，也有助于理解本书所涉及的部分概念，分布式应用（例如客户端-服务器系统或 Web 应用）设计和实现的相关经验尤佳。

1.6 读者指南

本书在内容结构整体上与 iSAQB® 基础级课程大纲的内容一致。更多详细内容请见图 1-4 及[isaqb-curriculum]。

- 第 2 章将着重介绍软件架构相关的重点词汇和基本知识，各自相关的细节内容也会在后续章节详述。例如，以软件架构为背景，对软件系统“视图”这一概念进行介绍。
- 第 3 章中涵盖有关软件架构设计实践的相关内容。其中包含各种不同的架构开发过程。例如视图、管道-过滤器（pipes-and-filters）、模型-视图-控制器（model-view-controller）等重要架构模式，以及耦合性、内聚性、关注点分离等重要设计原则。
- 第 4 章将重点介绍一些结合实践的描述和说明工具及其使用指南，可以有效帮助架构师开展软件架构文档编写、沟通协商方面的工作。本章内容主要面向特定的读者群体，主题包括 iSAQB® 视图模型，以及软件架构中的横切关注点等内容。
- 第 5 章将关注软件架构和质量问题之间的关系。其中所涉及的重要概念包括质量、质量属性、架构权衡分析方法（Architecture Tradeoff Analysis Method，ATAM）、质量树、权衡折中（针对质量属性的实现）、架构定性评估，以及实现质量保证目标过程中存在的风险等。
- 第 6 章将列举一些用于软件架构建模、生成和文档编写的示例辅助工具。
- 附录内容包括部分示例问题、词汇表以及参考资源目录。

第 2 章～第 5 章是 iSAQB®备考的关键内容，其他章节的内容对于各位读者也有所帮助。在整体学习本书时，我们建议读者先通读第 2 章，之后再阅读其他感兴趣的章节。

1.7 目标受众

本书的主要目标受众为所有准备参加 iSAQB®认证和/或参加 iSAQB®培训课程的人员，对于希望了解软件架构各项基本概念的 IT 专业人士和在校学生也同样适用。

此外，对于软件项目经理、产品经理以及软件开发中间层的决策人员，本书也可作为软件架构的概览性书目进行学习。

1.8 鸣谢

在此向 iSAQB®协会，特别是本书德语、英语版本的原作者 Mahbouba Gharbi 女士和 Andreas Rausch 教授表示衷心感谢，同时对 Mirko Hillert（米尔科 · 希勒特）先生表示感谢，他们对本书中文版的成书提供了巨大的支持。此外，还要感谢德国克劳斯塔尔工业大学软件及系统工程研究所、德国 ITech Progess 有限责任公司（ITech Progress GmbH）、德国 iSAQB®有限责任公司（iSAQB® GmbH）以及中国德诚（无锡）教育科技有限公司为本书翻译和出版方面工作提供的支持和帮助。最后，我们还要感谢同济大学出版社以及本书的责任编辑王映晓女士的耐心工作。

2 软件架构基础

如引言所述，如今软件已无处不在。从早晨闹钟响起，到汽车火车制动的正常工作，再到银行账户的日常管理，我们几乎全天都离不开软件的正常运行。

尽管软件应用已经深入人们生活的方方面面，成为社会运转必不可少的一环，但作为软件工程师的我们仍然无法完全掌握一套能够重复且稳妥保证软件构建成功的方法。软件项目往往耗时漫长、成本高昂，且很容易失败。即便是开发成功、顺利投入运营的软件项目，其成果往往无法令各方都满意。这一现状在斯坦迪什集团（Standish Group）[Sta99]一年一度发布的 CHAOS 报告中已得到反复印证。尽管 CHAOS 报告本身面临着诸多批评，但不可否认的是，目前依据其他软件成功度评估方法所形成的结论与 CHAOS 报告的结论相差不大，同样不乐观（参见[EK08]、[EV10]）。目前问题的根本在于，我们将软件项目成功管理于图 2-1 所示"神奇矩形"（参见[Bal00]、[Die00]、[Dum01]、[Lit05]、[May05]）框架内的能力十分有限，且无法保证每次都能以适当的成本、在限定的时间周期内实现具备必要功能的高质量软件。

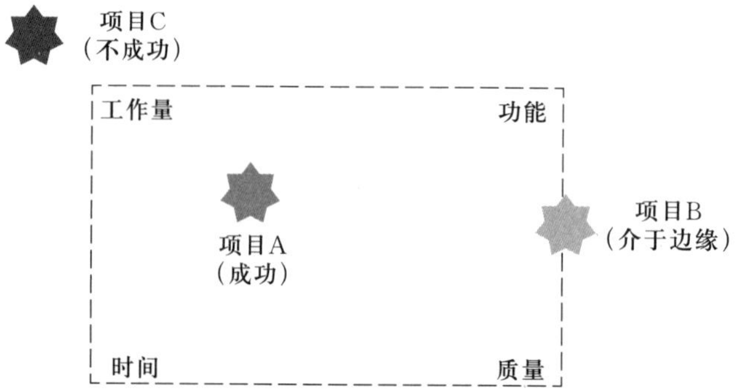

图 2-1　衡量软件项目成功度的神奇矩形

需求工程和架构设计是决定软件开发成功与否的两项核心工作。要求二者在项目初期阶段作出对后期影响重大的决策（在某些情况下，其影响只能到项目极后期才能有所体现）。因此，这两项工作都存在较高的开发与预期不符的风险，尤其是在初期所知信息量非常有限的情况下（参见[Nus01]、[GEM04]）。

鉴于此，软件架构就成为软件开发成功与否的决定性因素之一，它决定了大型软件密集型系统中成百万行的代码应采用何种方式来构建，以保证项目最后能够在预算内按时、保质地实现指定功能。

那么，软件架构到底涉及哪些工作？作为软件工程中至关重要的子学科，其核心理念有哪些？一个成功的架构设计需要用到哪些过程和方法？

软件架构和软件工程一样是一门非常“年轻”的学科。因此，针对上述问题，目前存在很多不同的观点和看法。对此，我们不作评价，也不评判其对错。本章内容将阐述我们对于软件架构的基本理解，进而为后续章节奠定基础。

首先，我们会介绍“软件密集型系统”这个概念及其与软件架构之间的关系。其次，在此基础上，认识并定义软件架构相关的其他核心基本概念。最后，介绍软件架构设计所包含的基本过程步骤，并说明它们与其他软件工程领域和职能之间的关系。

2.1 对应 iSAQB® 课程大纲

以下学习目标摘自 iSAQB® 课程大纲[isaqb-curriculum]中“软件架构中使用的基本术语”一节。

2.1.1 学习目标

- 学习目标 2-1：讨论软件架构的各项定义。
- 学习目标 2-2：理解并认识软件架构的各项重要意义及目标。
- 学习目标 2-3：理解软件架构在软件生命周期中的位置。
- 学习目标 2-4：理解软件架构师的工作内容和职责。
- 学习目标 2-5：将软件架构师的工作角色与其他相关方联系起来。
- 学习目标 2-6：能够正确阐述开发方法与软件架构之间的相互关系。
- 学习目标 2-7：能够正确区分架构和项目目标的不同。
- 学习目标 2-8：能够正确区分显式声明和隐式假定。
- 学习目标 2-9：了解软件架构师在企业组织内部的角色与职责。
- 学习目标 2-10：了解不同种类 IT 系统之间的区别。

2.2 软件密集型系统与软件架构

无论是明确设计的还是逐步自然形成的，软件架构总会在相关系统中得到表现。因此，在深入了解软件密集型系统架构之前，应当首先明确什么是软件密集型系统。在 2.2.1 小节～2.2.3 小节中，我们将首先对“软件密集型系统”这一概念作出明确定义，然后讨论软件密集型系统的不同类型。在此基础上，我们就能确立其与目标系统软件架构的关系。

2.2.1 什么是软件密集型系统？

首先来看一个基本问题：什么是系统？关于这个问题，我们可以在电气与电子工程师协会(Institute of Electrical and Electronics Engineers,IEEE)标准 IEEE 610.12-1990,即《IEEE 软件工程标准术语集》(*IEEE Standard Glossary of Software Engineering Terminology*)中找到答案:

> 系统是用于完成某个特定功能或某一系列功能的组件集合。
>
> [IEEE 610.12-1990, p. 73]

这一看似直观的定义恰当地归纳出了系统的关键属性。一个系统通常包含硬件、软件或机件等不同的构建块或组件。

这一定义还表达出系统可以拆分为不同构建块的概念。根据这一定义,一套系统必须能够满足一个特定的目的。这也就体现出了工程学的本质,即创造能够给人类生活质量带来积极影响的事物,参见美国国家专业工程师学会(National Society of Professional Engineers, NSPE)工程师职业道德规范[NSPE]。

有关软件密集型系统的第二个关键点就是"软件"一词。我们同样在《IEEE 软件工程标准术语集》中找到了相关定义:

> 软件是与计算机系统运行相关的各种计算机程序、过程以及可能的相关文档和数据。
>
> [IEEE 610.12-1990, p. 66]

根据这一定义,软件不仅仅是程序文件的集合。它还包含配置脚本等附加过程、相关文档(例如架构说明)以及数据(例如数据库初始化时必要的元数据及主数据)。

为了结合本章的内容背景给软件密集型系统作出准确定义,我们需要将以上两项定义相结合,同时结合软件在系统中所承担的广泛且重要的角色。基于此,我们对软件密集型系统作出如下定义:

> 软件密集型系统是以共同实现系统设计用途为目的而组织构成的一系列构建块的集合。这一系统的各个构建块应全部或大部分由软件构成,共同执行系统的核心任务,保证系统用途得以实现。系统的软件部分由一系列程序、过程、数据及相关文档构成。

2.2.2 软件密集型系统的不同类型

在软件分类方面,存在很多不同的方法。这些方法无一例外地侧重于软件的具体属性,因而不具备普适性。举例来说,《IEEE 软件工程标准术语集》在对"软件"的定义中,就将软件划分成了应用软件、支撑软件(也称支援软件)和系统软件。

> 软件……另请见:应用软件;支撑软件;系统软件。
>
> [IEEE 610.12-1990, p. 66]

这种区分方法依赖于实际的分类应用场景。例如，从客户的角度来看，一个保险系统的数据库应该属于系统软件。而从程序员的角度来看，则应当属于支撑软件。或以 Web 浏览器为例，从上网的计算机使用者的角度来看，Web 浏览器应该属于应用软件。而对于为 Web 浏览器开发插件的程序员来说，它应该属于系统软件。

其他常见的区分方法是将软件分为标准软件和定制软件[Sie04]。不论哪种分类方法(如以软件体量或应用领域为区分标准)，最终都会形成如图 2-2 所示的多维度分类。对软件的分类并不一定总是泾渭分明的，且如前文所述，多数情况下取决于观察者所处的角度。

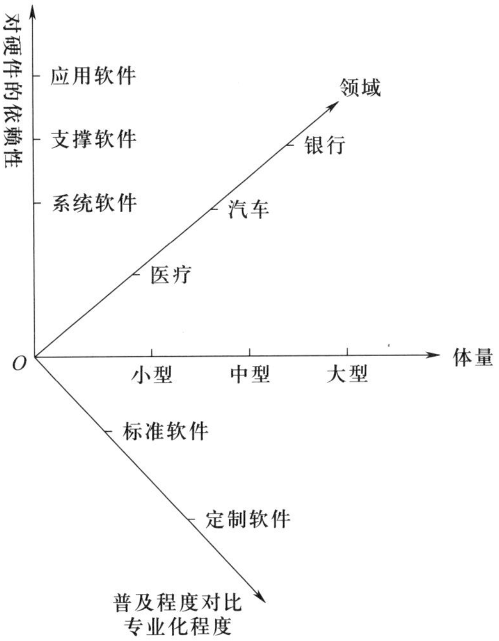

图 2-2 软件密集型系统多维度分类

将软件进行分类能够让我们对软件架构作出初步推断，因此具有十分积极的意义。在理想情况下，可以针对不同类别的软件预先设定出一系列架构方案，并预判出架构所特有的设计问题。这一预设过程将反映出参与项目各软件架构师们所积累的设计经验。之后，各位软件架构师便能轻松、安心地开始设计工作。

遗憾的是，现实中并不存在任何标准化的软件分类体系，也没有全套的相关完整设计知识技巧。对于软件产业这样一个日新月异的行业来说，我们甚至不确定未来究竟是否可能建立和使用一套既定的完整知识框架。出于这一考量，每位软件架构师和各个软件企业组织都必须不断积累和拓展自身的知识框架。

尽管如此，还是有必要遵循一套基本的方法和目标。因此，本章将对软件进行简单的分类，并通过示例的方法，至少部分地建立起与软件架构的联系。按照如图 2-3 所示的分类方法，软件可以作出如下分类。

(1) 信息系统,其关键作用是信息的管理和处理。它需要管理、处理、评估及计算海量的数据或复杂的数据结构,并交互式地同时服务于成千上万的用户。比较典型的信息系统包括保险公司的核心保险管理系统、SAP 系统、CAD 系统、用于天气预报的复杂模拟系统以及供工程师使用的仿真计算系统。

(2) 嵌入式系统,其包含嵌入物理实体中的软件。在可用硬件资源高度受限的情况下,嵌入式系统执行的任务要求数据信息安全和功能安全性,同时还须满足严苛的功能和质量需求。其功能性主要侧重于调节、控制或通信。典型的嵌入式系统包括洗衣机、制造业使用的机床或生产线、移动电话网络使用的蜂窝站、汽车上使用的安全气囊控制系统以及停车辅助系统等。

(3) 移动系统,指具有较高交互需求的(半)自主个人系统单元。除移动特性外,其还具有能够提供本地功能,以及在可能情况下提供(半)自主功能的特点。此外,其还需要在一定程度上与大部分情况下为静态的集中式系统进行交互以实现同步,或与其他系统进行信息和操作协同。其移动性特点决定了系统无法不间断地与集中式系统保持连接。典型的移动系统包括智能手机、(半)自主运输机器人以及 Ad-Hoc 网络中的传感器/执行器节点。

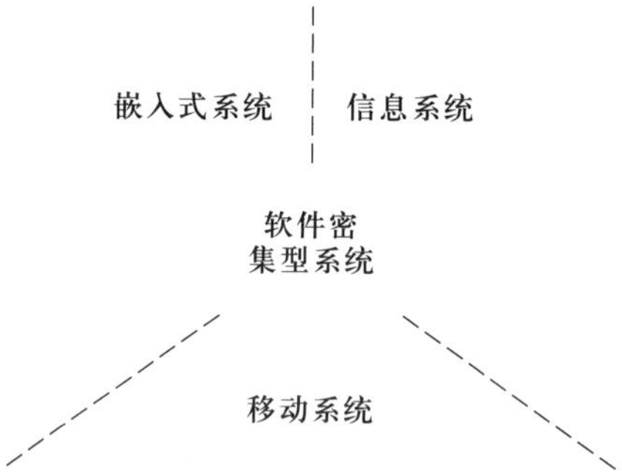

图 2-3　软件密集型系统的不同类别

随着各种系统网络化程度的不断提高,现在的软件密集型系统已经无法简单被划入某一个类别。以保险系统为例,其可以通过智能手机应用轻松将保险经纪人连入系统。依靠互联网和 Web 浏览器,在车里就可以直接分析 SAP 评估报告。此外,当今工厂中的几乎所有生产线都可以通过相关的制造执行系统接入工厂的 SAP 系统,反之亦然。

尽管当今我们使用的很多系统已经不能明确划入上述三个类别中的某一项,但实际上每套系统仍有其主要侧重点。一个系统或待执行的设计工作究竟应该被划分为信息系统还是嵌入式系统,尽管对此会有疑虑,但项目的所有参与方都应该有一个明确的认知。

这一点对于软件架构师来说尤为关键,因为每个不同的类别都有其特定的软件架构和架构设计基本模式和方法。例如，信息系统通常采用分层式架构，而嵌入式系统的架构则要考虑彼此松耦合，同时又要通过网络(例如通过基于总线的通信)进行交互的活动进程或模块。移动系统的架构同样具有活动进程，但由于进程依靠单个(可能是多核)处理器运行，所以主要使用共享内存进行通信。

另外，每个类别还面临着自己独有的一系列架构相关设计问题，尤其是在具体的非功能性需求方面。以信息系统为例，我们需要考虑数据的管理及相关事务的控制。而对于嵌入式系统，则应当更多关注于活动进程的调度或网络上的通信负载。对于移动设备，关键则在于如何实现高质量资源密集型图形用户界面与硬件层面特定传感器、执行器功能这二者之间的平衡。

2.2.3　软件架构对于软件密集型系统的重要意义

如引言中所述，软件架构设计是软件开发过程中的一个重要且关键的环节。软件架构对于图 2-1 的"神奇矩形"中的各项参数具有直接影响，这些参数包括(预期)功能、相关质量(特性)、(系统实现所需)工作量，以及(截至系统部署完成所需的)时间。我们最终面临的问题，就是如何构建一套能够让"神奇矩形"中各个参数达到预期水平的大型系统。

但是，是否每个软件密集型系统都有自身独特的软件架构呢？与没有建筑设计师参与的建筑物一样，即便没有明确的设计和实现，每个软件密集型系统自身也一定有一套架构。很遗憾，在软件开发项目中，我们还是经常看到没有明确设计的软件架构的情况。其后果往往是严重的。

在开发过程中乃至软件的整个生命周期中，不论最初需求文档如何明确，实际的需求总会发生各式各样的变化。而变更需求会给开发项目带来很大影响，例如，可能会要求修改项目计划或调整预算。如果已经实现的软件组件与预期的需求变更不兼容，那即便修改调整也是徒劳。而一个优秀的软件架构则应该保证系统能够在不影响现有软件质量特性的情况下，允许轻松、方便地更改当前功能或引入新功能。

因此，软件架构对于软件开发的成功与否，具有重大意义。那么形成这一局面的根本原因是什么？下面我们把这个问题拆分成两个子问题：为什么所有软件都需要架构？软件架构为什么是软件开发成功与否的决定性因素？

优秀的软件架构中一个核心元素，就是如何将系统以分层的形式分解成不同的子系统或者构建块。这种分解结构的存在已成为软件密集型系统的一个特质。如在前文定义中所提及的，软件密集型系统是指以共同实现系统设计用途为目的的一系列构建块的集合。因而，架构的诞生与系统的定义密不可分。每个(软件密集型)系统也因此必然有一个明确或隐含的架构。

软件架构明确界定系统的结构，系统结构决定软件架构，这个二者之间紧密结合的固有理念是软件架构成为软件开发成功与否的决定性因素之一。对于建筑学来说，建筑物的结构决定了其中哪些组成部分是重要的承重构件，哪些不是。如果想在不影响承重构件的情况下对建筑物作出改造，通常是很容易实现的。但一旦涉及承重构件的改造，则实现的可能性、具体方式和成本就很难预测。

这一点也可以类比软件架构领域。软件架构通过定义系统结构的方式决定软件中的关键组件，进而也就定义出未来变动的框架。如果在项目开发过程中，或软件后续生命周期内产生了更改当前功能或添加新功能的需求，只要软件的核心基础保持不变，这些需求就必然可以实现。如果缺少软件架构，则实现变更所耗费的成本、时间和最终的质量将难以估计，且最后的成本效益比通常会令人无法接受，这一点在建筑业领域也是如此。

软件密集型系统、系统中固有的软件架构，以及架构给“神奇矩形”所带来的限制，这三者之间司空见惯却又是基础性的关系正是软件架构对于软件开发来说意义和影响非凡的原因。

2.3 软件架构基本概念

软件架构定义了软件系统的核心结构、整体技术理念以及相关设计决策，是整体系统开发的基础。因此，软件架构就像一份工程蓝图，能够可持续地简化复杂的综合性软件系统的开发过程。软件架构不会给出明确的设计细节，而是从提出外部系统需求开始，到完成构建系统交付成果(例如程序文件)为止，给出一条通往解决方案的建设性路径。在这一过程中，由于具体的架构选择会对质量属性，以及维护性、易扩展性及性能等非功能特性产生深远影响，所以应在尽可能多的节点上编档记录相关设计决策。

尽管意义非凡，但软件架构仍然是一门“年轻”的学科。出于这个原因，本章将介绍软件架构的一些基本概念。首先，我们将基于“构建块”和“接口”这两个概念对我们所理解的“软件架构”作出定义。有关构建块和接口的内容也会作出相应介绍。这也为具体描述软件架构的作用及其带来的好处奠定了基础。之后，还将介绍用于软件架构说明的相关概念。

2.3.1 什么是软件架构?

软件架构不存在唯一、公认的定义。在有关软件架构的众多定义中，我们选择了一条较为独特但很恰当的定义：

> 软件架构是一个变更修改的框架。
>
> (Andreas Rausch，另请见[SEI Def])

卡内基梅隆大学(Carnegie Mellon University)软件工程学院(the Software Engineering Institute, SEI)在专门为软件架构创建的网站上收集了150多条不同的软件架构定义[SEI Def]。在这些定义中,可以越来越多地发现一个我们支持并认可的共识。IEEE 42010:2011《软件密集型系统架构文档编写推荐规范》(*Recommended Practice for Architectural Description for Software-Intensive Systems*)中对软件架构的定义同样反映了这个共识:

> 系统在其环境中通过系统元素、相互关系以及设计和迭代原则表现出的基本概念或属性。
>
> [ISO/IEC/IEEE 42010:2011]

在本章中,不会完全重新对这一核心概念作出定义,而是沿用目前的标准,但是会对其中几处作一些补充。例如"接口"的概念以及与开发组织的关系,这些都对软件架构具有根本性的重要意义。

> 软件架构定义了系统组织的基本原则和规则,并将其结构分解成构建块和接口,同时定义了各构建块和接口的结构,与其彼此之间以及其同周边环境的关系,从而制定出从分析到设计,再到实现、运营和再开发,覆盖整体软件全生命周期,同时兼顾针对开发和运营组织的指导规范。

上文对软件架构的理解包含两个重要方面。第一是构建方面,架构需要说明软件密集型系统的结构及其如何分解成不同的构建块和接口,还要说明不同构建块和接口彼此之间,以及与周边环境的关系。第二是过程方面,软件架构对开发组织和系统的整体生命周期也具有重要影响,因此也就限定了需要严格遵守的各项原则与规范。

这也意味着软件架构的目标可以是超越项目目标及其和项目持续周期相关的时间范围的一种长期目标。因此,软件架构意味着并涉及对于整个系统全生命周期的投资,可能只有在相关的开发项目完成后才能得到回报。

2.3.2 构建块、接口和配置

本小节探讨软件架构系统构建方面的内容,介绍构建块和接口这两个概念,以及彼此之间的关系。

接口和构建块是两个基本的工程术语。这两个词汇在信息技术领域也很常见。尽管常用,但各领域对两个词却没有一个通用、准确的理解。

例如,当电气工程师、机械工程师和计算机科学专家同时参与一个系统开发项目时,就可以看出,每个人对接口和构建块的理解并不相同。这时,如果我们尝试与各参与方就待开发的机床上某个接口达成共识,就会发现不同领域对接口究竟是什么、不是什么,存在着完全不同的理解。因此,我们希望对接口一词作出如下定义:

接口表示通向系统或其各构建块，具有明确界定的访问点。基于这一定义，接口需要对这一访问点的特性（例如属性、数据和功能）作出描述。其目标就是从各个必要角度尽可能精准地对这些特性作出定义，例如语法、数据结构、功能行为、错误行为、非功能特性、接口使用日志、技术、协议、访问修饰符、文件格式、条件/限制因素以及语义等。

根据以上对接口的定义，要全面地规范化接口显然会很费时费力。像 Java 或 C# 这样的编程语言中本身包含了接口的概念，一般可以直接定义其语法（即接口名称）、提供的方法以及其各自的参数和返回值。接口的功能行为等其他方面内容则需要在附加文档中记录和描述。

在程序中，我们经常会发现接口描述不够详尽的问题。例如，Java 中 Collection 接口的文档描述就非常详细。但对于向 Collection 中插入元素的 Insert 操作，就缺乏相关内容描述具体性能（例如上下限或允许插入元素的平均时间）。

而 Insert 的这方面性能与接口的使用有着密切的关系，尤其是在对大量元素进行该操作的计算密集型任务的情况下。这些特征决定了是否要使用 Java 的 Collection，还是应当采取其他替代方案。

在这种特殊情况下，程序员就需要清楚具体的接口实现方案以便适当选取。针对这个示例，可以选择使用 ArrayList 或 LinkedList，但这两个类的性能特质截然不同。这样，接口就不会完全封装实现，尽管这一点有违接口的预期作用。

这个例子说明要对接口作出绝对完整的描述一般不太可能。更多情况下还需要由架构师来决定需要对接口的哪些方面作出描述，哪些方面在不确定时可以忽略。不过，我们还是应该在可能的情况下尽量提供完善的接口描述，并结合项目背景给出相关特征。

构建块一词一般用作组件的同义词。不过构建块是一个通用词汇，而组件是指一种特殊形式的构建块。在本书中，考虑到组件一词经常被理解成其他含义，因此不使用该词。对于组件一词，很多人认为其主要代表 UML 组件，也有人会将组件与包或 JavaBeans 等编程构造相联系。

本书将使用比较通俗的构建块一词从编程语言、建模方法和设计方法等繁杂多样的术语中抽象出软件架构中的各类组件元素。因此，在本书背景下，构建块即是特定编程构造或描述性元素的抽象化。

构建块是用于构建软件架构静态结构的核心基本元素。它涵盖了最终用于代表源代码抽象的所有软件或实现工件（Artifacts）。构建块包括小型构建块（例如函数或类）、中型构建块（例如包或库），以及大型构建块（例如子系统、层或框架）。因此，构建块可以有很多不同的表现形式。图 2-4 为一些特定构建块类型的示例，需要注意的一点是，构建块自身也可以由其他构建块构成。

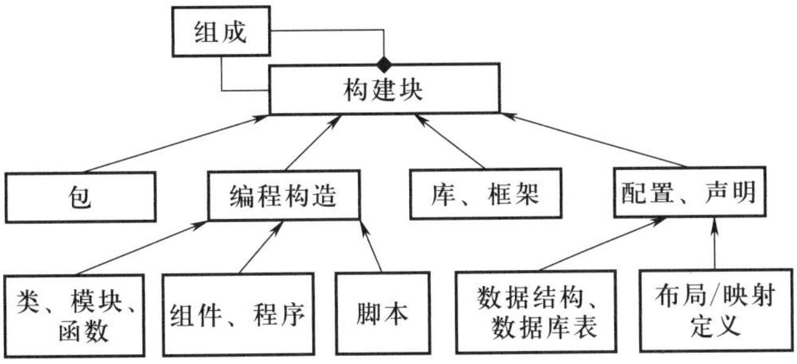

图 2-4 不同构建块示例

综上所述，构建块堪称软件架构中最重要的概念之一。为了对构建块作出准确的界定，需要有一个明确的标准。那么，什么是构建块？哪些内容不属于构建块？构建块的定义包含下列三个核心特征，这三个特征能够广泛归纳相关文献([Szy 98]、[D'SW98]、[RQ+12])中给出的主流定义。

(1) 构建块提供它在契约意义上所保证的接口。但是，这种保证只适用于当构建块所需的接口在对应配置范围内可用的情况下。(Import and export of interfaces：接口的导入和导出)

(2) 通过接口的导入和导出，构建块可以将这些接口的实现进行封装。如此一来，构建块就可以被其他提供相同接口，以及在适当情况下需要相同接口的构建块所代替。(封装及互换性)

(3) 构建块同时也是软件密集型系统分层组合(分解)的单元。也就是说，一个构建块可以通过其他(子)构建块及其彼此之间相互关系的适当配置来实现。对于这种情况，我们也可以称这一(超)构建块封装了其他(子)构建块。构建块还可以将外部接口委托给内部接口，反之亦然。不同构建块之间的关系就是如此定义出来的。[配置与分层组合(分解)]

请注意，考虑到可能出现副作用，在替换构建块时必须考虑导入接口的情况。构建块是一个可重复使用的组件。更进一步的假设——例如关于构建块所处环境，以及构建块所需接口是否存在的假设——应当保持在最低限度，并有明确的文档记录说明。

截至目前，有关构建块的概念已经介绍完毕，同时构建块与接口之间的可能关系也已经进行了定义。有关构建块的核心特征明确如下：接口的导出和导入、互换性与封装、配置与分层组合(分解)。图 2-5 所示为上述两个概念及其彼此之间的关系。

可以对构建块的不同视图作出如图 2-6 所示的三种区分。

(1) 黑盒视图

在黑盒视图中，只能看到构建块导入接口和导出接口。这是构建块使用者所看到的视图。这个视图符合信息隐藏原则，也就是说，它隐藏了构建块的(私有)内部细节。黑

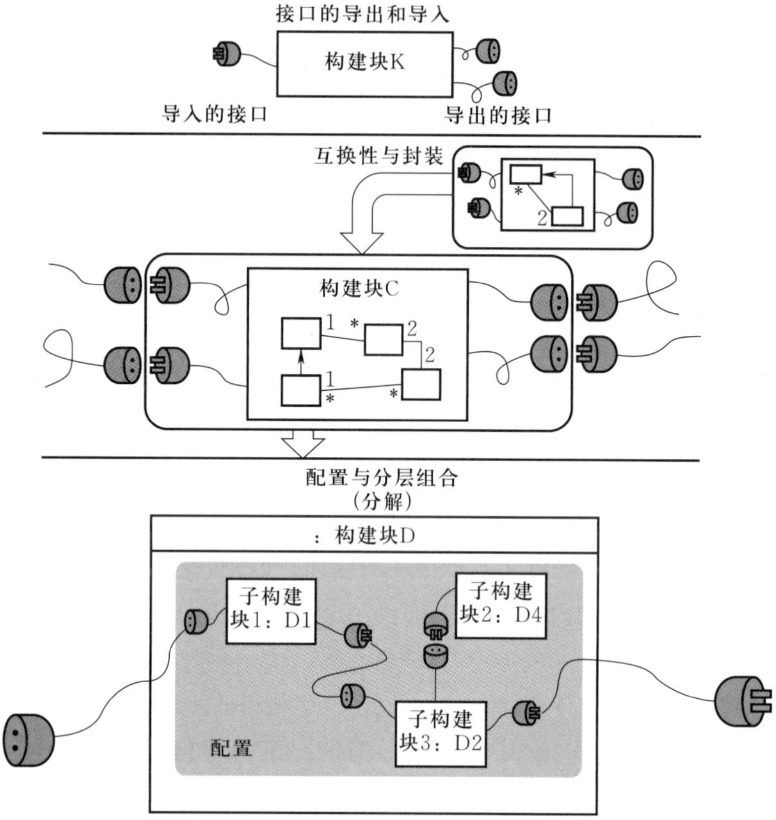

图 2-5　构建块与接口之间的关系

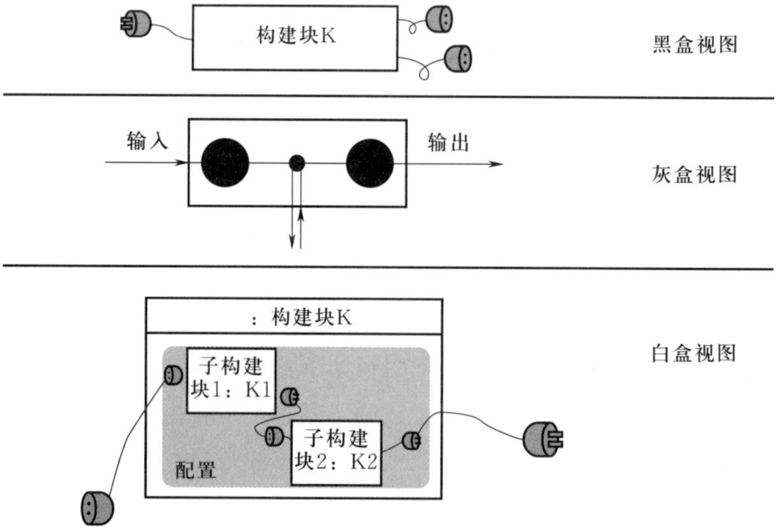

图 2-6　黑盒视图、灰盒视图和白盒视图

盒视图可以用 UML 组件图进行描述。

(2) 灰盒视图

灰盒视图展示了构建块所需的额外接口,其主要是技术接口,例如,配置接口或连接所需及所使用运行时环境的接口[BW97]。灰盒视图可以用 UML 分布(部署)图进行描述。

(3) 白盒视图

白盒视图(也称为透明盒视图)展示了构建块的内部细节,换言之,视图展示了构建块拆分成多个子构建块的配置情况,或者展示了构建块的另一种实现方式。该视图同时还展示了其需接口和供接口委托给构建块内部工作的情况。这是构建块实现者所看到的视图。白盒视图可以通过 UML 组合结构图来描述。

通过黑、灰、白盒三者的交互,可以清晰地看出架构及其各构建块的分层组合(分解)情况。如图 2-7 所示,构建块 A 的黑盒视图可以如其下方白盒视图所示进行分层分解。在白盒视图中,构建块 A 可分解为组件元素 b1、b2 和 b3。

请注意:元素 b1、b2 和 b3 不是构建块,它们在这里作为占位符使用(在 UML 中也称作"部件"),表示使用构建块的实例化。所以也称这些占位符为构建块实例,如果区别不大也可以直接叫做构建块。在构建块 A 的配置中也有使用子构建块实例的 b1 到 b3 占位符。但是,由于占位符有具体的类型,所以并非所有构建块实例都可以放在占位符 b1、b2 和 b3 处,因为占位符是类型化的。这一点类似于变量,占位符具有一个值(即构建块实例)和一个类型(即构建块)。因此,对于占位符"b1:构建块 B1",只能使用构建块 B1 的实例。

由于此构建块实例在配置中定义了构建块的类型,因此该构建块也存在一个黑盒视图。

此处需要注意的是,图示仅展示了架构描述的一个层级。一个构建块的实例可以在其他构建块的多个配置中使用,这可以在它们各自的白盒视图中看到。这些白盒视图分布排列在不同的层级上。如图 2-7 所示,构建块 B1 在白盒视图的配置中表现为构建块实例,同时作为 A 的子构建块实例和 B2 的子构建块实例。这种情况下,构建块 B1 可以是用于多个层级中大量不同构建块的可扩展标记语言(Extensible Markup Language, XML)解析器。

另外还需要注意的一点是,这种分层分解方式不仅适用于构建块,也适用于它们各自的接口。如果在灰盒中一个构建块有面向另一个构建块的接口,则在黑盒和白盒级别也会存在一个对应的接口,并且必须相应地被实现。例如通过将接口委托给子构建块实现。

接口的作用是连接构建块。所连接的两个构建块不管是供接口方还是需接口方,都必须遵守接口协议。这是接口自身定义所决定的。那么接口由谁来定义?有以下四种不同的可能性(图 2-8)。

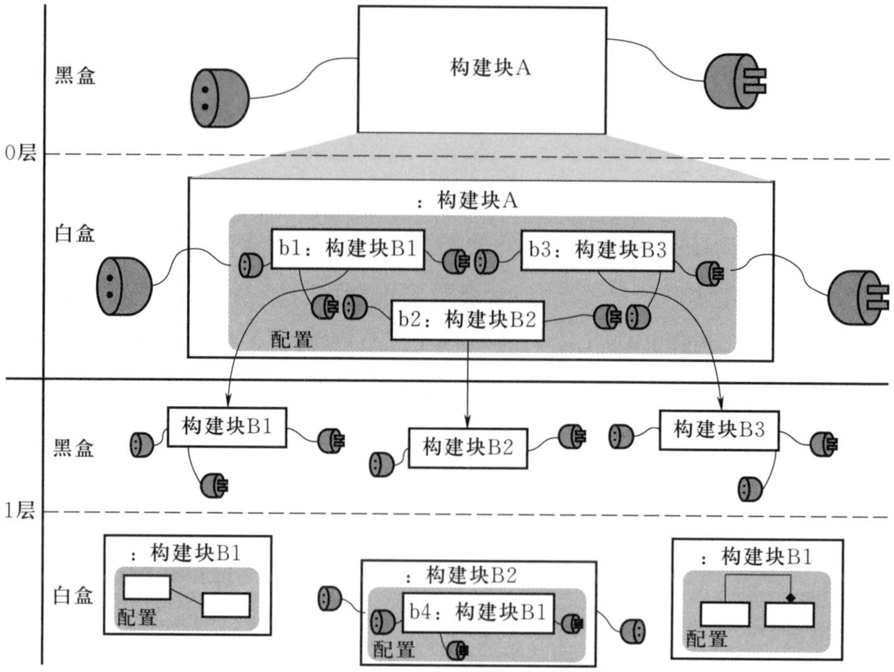

图 2-7　黑盒及白盒视图分层组合(分解)

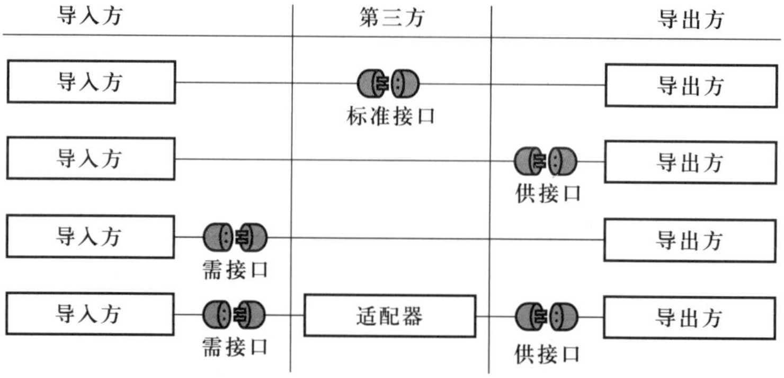

图 2-8　谁来定义接口及接口协议

(1) 标准接口

该接口由外部第三方定义。提供和请求的构建块都必须遵循定义。

(2) 供接口(Provided Interface)

在此情况下,接口由导出接口的构建块定义。除标准接口外,这是最常见的接口类型。

(3) 需接口(Requested Interface)

在此情况下,接口由导入接口的构建块定义。这一配置常见于框架内。这些类型的接口可以用来将具有特定功能的构建块纳入程序结构中。

(4) 独立接口

在此情况下,导入和导出的构建块分别定义自己的接口。这种方式可以提高构建块的解耦性,让构建块能够允许独立开发和测试。但是这也意味着接口不会长时间一直保持一致,因此需要在接口之间放置适配器。

每个接口定义类型都有其具体的特性,也有各自的优势和缺陷。上述最后一种接口定义类型能够提高构建块的解耦性,但代价则是开发工作量和耗时的增加。不过这一定义类型比较适合作为长期解决方案,例如用于集成工作。

另外,这一定义类型也可以在开发过程中临时使用,用来保证开发期间的最大并行性并统一开发中的不一致。然而对于这种情况,就需要留出额外的时间对架构进行重构和重新设计,保证能够将适配器顺利移除,替换为通用的接口协议。否则,临时的解决方案就会无意中成为永久解决方案。

2.3.3 用于描述软件架构的相关概念

如果没有完善的相关配套文档,架构不论以明确还是隐含的方式迭代,其用途都会受到限制。只有配合适当的配套文档,才能让架构可持续性地具有沟通协调、探讨和进一步开发的价值。

对于软件架构,我们不仅仅要与其他架构师讨论,往往还需要将其呈现给来自不同方面的代表人员(利益相关方),并与他们展开讨论,共同推进后续开发。例如,很多情况下客户和使用者也会参与架构的决策,因为这些决策可能也会给他们带来影响。开发人员同样需要参与讨论,尤其是有关架构最终实现方面的沟通与讨论。

根据 IEEE 42010:2011《软件密集型系统架构文档编写推荐规范》(*Recommended Practice for Architectural Description for Software-Intensive Systems*)[IEEE 42010:2011]中所述,软件架构说明中应包含用于描述软件架构的一系列工件。对应的标准给出了一套用于架构说明的概念模型。图 2-9 所示为该概念模型中与我们尤其相关的一部分。

由此可见,系统与环境双方相互影响。每个系统都有一套架构。根据 IEEE 标准,这一架构采用了单一架构说明的形式。初看这似乎是一条限制,但正如前文所述,IEEE 标准所定义的架构说明是由一系列工件组成的。也就是说,架构需要通过一系列的描述形成文档。实际上标准中可以并且应当对这一点作出更清晰、明确的说明。

此外,系统通常会有多个利益相关方,而每个利益相关方又会有很多关注点。架构说明需要致力于利益相关方的关注点,并利用这些关注点在相关论据中来论证作出的架构决策。

在这方面,该标准涵盖了一个广泛应用于很多软件架构方法的核心理念,即架构说明应包括架构的视图。视图是软件架构的平面投影,此概念如图 2-10 所示。根据自身

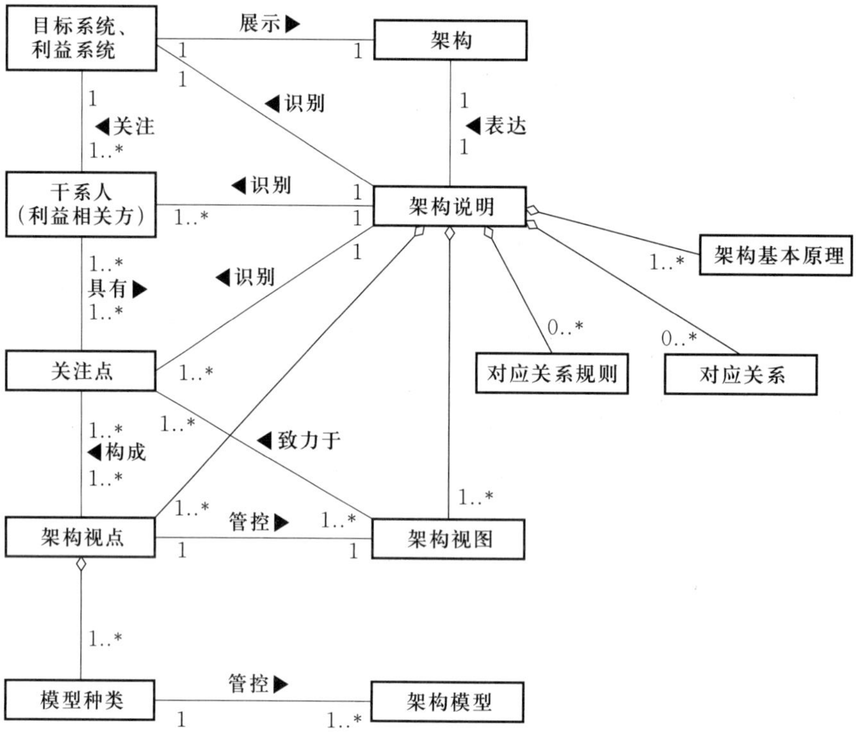

图 2-9 IEEE 42010:2011 中给出的概念模型核心部分

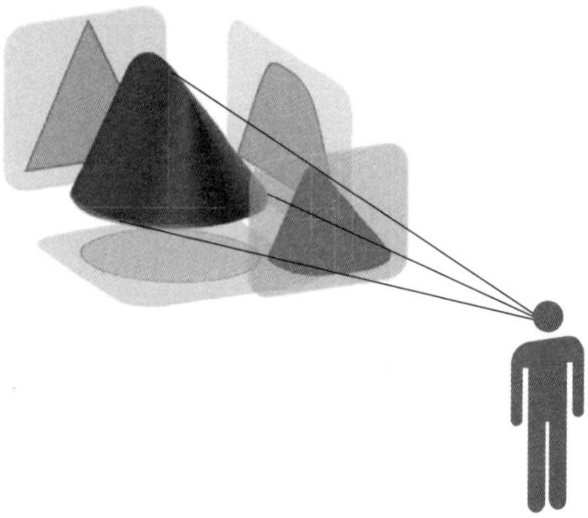

图 2-10 视图是软件架构的平面投影

视角的不同,每个利益相关方所看到的架构视图都不同,而各利益相关方视角的不同则源于各自关注点的不同。

IEEE 标准中介绍了多种不同的“视图”,其中包括“功能视图”“物理视图”以及“技术视图”等,这些不同的视图通常被称为单独的架构或架构层,例如称为“功能架构”或“功能层”。

■ 架构视角

架构视角是用于某一类架构视图构建、解释、使用和分析的一系列约定惯例的组合。视角的内容包括模型种类、视角语言及注释、建模方法以及分析技术，以构建一组特定的关注点。视角的示例包括运营视角、系统视角、技术视角、逻辑视角、部署视角、处理视角和信息视角等。

■ 架构视图

在架构说明中，架构视图的作用是从一个或多个利益相关方的角度出发，致力于具体关注点，采用基于对应视角所建立的约定惯例，对目标系统的架构进行表达。架构的视图由一个或多个架构模型组成。

[ISO/IEC/IEEE 42010]

在其他架构方法中——如 Kruchten 的 4+1 架构模型[Kru95]，视图由不同图示中的不同描述重点推动形成。例如，在 Kruchten 的逻辑视图中，视图的关注点是各个构建块及其彼此的关系，而其进程视图则侧重于说明各项进程及彼此之间的信息交换。

此外，很多相关文献中也频繁提到了很多不同的架构或架构层。其中包括业务流程架构、IT 架构、功能架构层、技术架构、技术基础设施架构、部署架构层以及很多其他词汇术语(参见[EH+08]、[Sie03])。

Siedersleben 的《血型》(*Blood Groups*)[SD00]一书针对目前混乱的术语使用情况提出了一个新颖的原创区分方法。以应用架构层(A 型血)和技术架构层(T 型血)为例，与血型相同，不同的架构层是不应当相互混合的。在扎克曼框架(Zachmann Framework)[O'RF+03]中提出了另一种区分方法，该方法依据角色与角度的不同，将架构层分成了两个维度。

总而言之，架构、架构层和视图这些词汇在架构说明中非常常见。依托这一背景，下面定义一个用作软件架构说明的简单概念模型(图 2-11)。

根据此定义，一套架构说明应由一系列架构层(级)组成。每个架构层结合了多个视图，共同构成一个有意义的说明元素。视图中包含文本和图示，这些文本和图示需要依次存储在模型当中。

例如，一个功能架构层可以包含由一系列静态图示构成的静态视图(参见 4.3.5 小节的构建块视图)，以及由一系列行为图示构成的动态视图(参见 4.3.6 小节的运行时视图)。在此基础上，额外的自由文本描述对于架构的文档编写和理解也十分重要。此外，前文提到的关于架构决策的相关论据也应该包含在文本中。有些架构层甚至完全由自由文本构成。

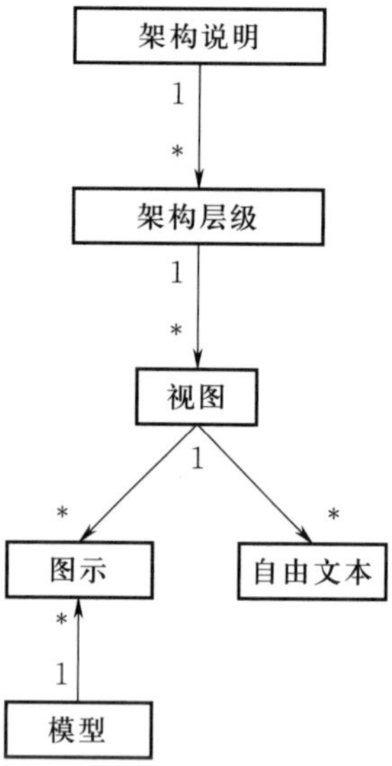

图 2-11 用于软件架构说明的概念模型

2.3.4 架构说明和架构层级

如前文所述,架构需要分成不同的层进行描述说明。不同层的选取和组织为相关的设计方法提供了初步的参考点。架构层通常位于不同的抽象层次,例如,高层次的面向服务分层架构形式,或包含功能实体及服务、更为具体的功能架构层。

对于架构方法及其相关的描述和说明方法,目前存在大量不同的方法和标准。第 4 章中将介绍其中一些,例如 TOGAF®、RM-ODP 以及扎克曼框架。但如图 2-12 所示,不论哪种方法都应该遵循一个基本原则。所有架构方法所采取的方法论都建立在将相关说明以及细化方法分成两个维度的基础上。其中,以(工作活动领域)出发角度为维度时,应当侧重于架构的不同区块(例如数据、流程、服务以及程序组织)。以抽象层次为维度时,则应以循序渐进的方式逐步增加细节以完成对不同的架构区块的检查和描述。在理解了这一方法后,就可以相对容易地正确运用不同的架构框架。

作为示例,图 2-12 展示了如何将架构说明细分成四个架构层:架构风格、技术基础设施、功能(应用)架构层(也称为 A 架构,A 代表应用),以及技术架构层(T 架构)。这四个架构层分为两个维度——即抽象层次的维度和出发角度的维度(功能 vs. 技术)。

如各层级之间箭头所指示,每个架构层可以单独进行描述,但它们彼此之间互有影响,具有相互依赖的关系。比较具体的功能和技术架构层自然包含了有关架构风格和技术基础设施的需求的内容。反之,功能和技术架构层的具体设计会对更高架构层级的需求产生影响。在另一个维度下也存在类似的关系。例如,技术架构为持久化或事务管理提供了具体概念,而这些具体概念又必须在功能架构层上解决。反之,功能架构层也会

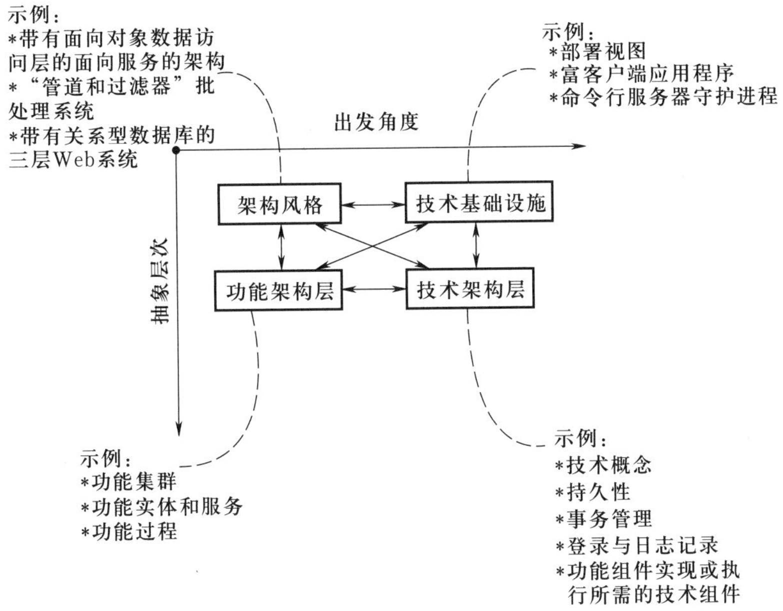

图 2-12　架构说明中的不同层级

为所需的持久化提供规范。

这里的架构风格是对系统核心架构概念的表示。例如，“我们的软件系统采用了三层架构结构，在表现层使用模型视图控制器，在数据层采用对象关系映射”。另外，技术基础设施则决定了架构的网络配置情况。例如，“我们采用配有 Web 和应用程序容器及关系型数据库的瘦客户端”。

功能架构层和技术架构层基于视图的架构说明需要在比较具体的架构层上进行（另请见[SD00]）。在功能架构层上，需要针对功能性需求的实现设计适当的应用程序构建块及各构建块之间的关系。例如，针对一个需要在应用程序中对不同保险产品进行映射的通用保险产品模型，就可以在这个层级开展设计。

相比之下，在技术架构层，需要根据非功能性需求的各个相关方面设计横切解决方案构建块，并进行文档记录。例如，可能需要对所有功能实体进行版本控制，并在技术架构中设计相应的解决方案。在此基础上，应用架构层上的功能实体就可以通过技术架构层使用这一通用解决方案。

2.3.5　软件架构与环境之间的相互作用

图 2-12 中的系统架构不是在真空中创建的，而是受到周边环境的影响，同时也会反过来影响周边环境。在实际工作中，围绕软件架构的一系列周边元素通常也被称为架构，如业务流程架构。本书为了避免过度使用“架构”一词，这些内容不称为架构，而是称为环境或情境。

如图 2-13 所示，有关软件架构的一些重要的周边环境内容以及其中所涉及的四个角色职能如下。

（1）项目环境与项目管理

项目环境和项目管理会给架构提出各种不同的限制因素和项目目标，这些限制因素和目标需要被考虑到架构的相关方面中。例如，预算和开发过程方法会对软件架构产生影响，反之亦然。在系统的周边环境中通常存在很多不同的应用和项目。当前（且会不断变化）的项目和应用环境通常会对开发当中的软件架构产生重大的影响。如果有新项目或应用程序启动或突然中止，则会给当前（待开发）软件架构的目标系统的接口带来巨大影响。

（2）产品管理和需求工程

一方面，产品管理和需求工程会给系统提出各种功能性和非功能性需求、质量目标以及限制因素，这些内容都可能在项目进程当中发生改变，从而给架构带来影响，尤其是非功能性需求。另一方面，架构也会体现出哪些需求会跟其他需求或项目限制因素产生冲突。因此，架构自身也会产生需求变更的需要。

（3）执行平台和运营

一般来说，执行平台和运营体系在企业中是既定存在的。因此，新系统应当尽可能利用这些已有系统和体系，这一点应当在架构设计时考虑。同时，架构本身也可能产生对于平台和运营的新需求。

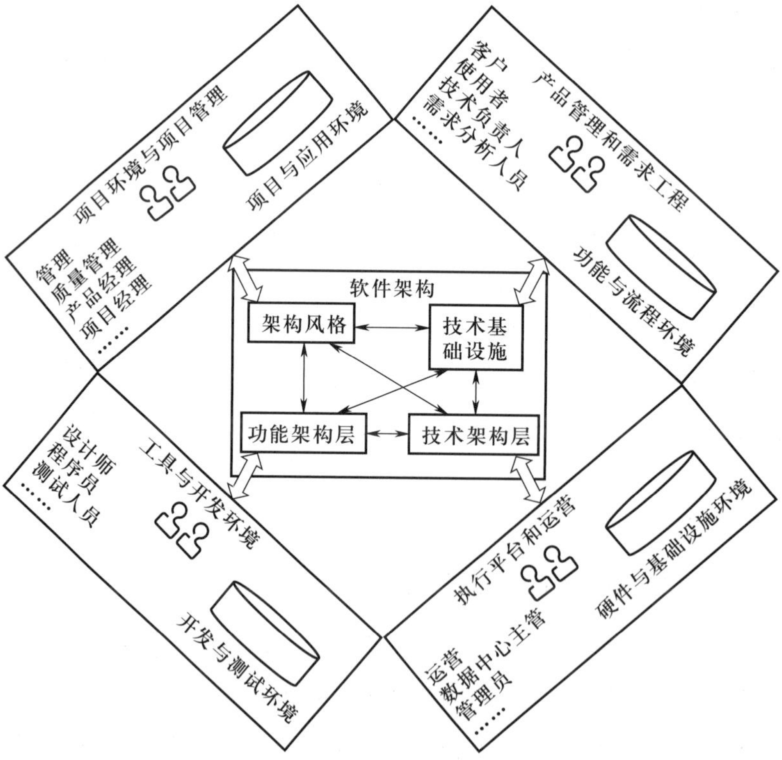

图 2-13　软件架构与环境之间的相互影响

(4) 工具与开发环境

架构的最终目标是成功实现软件应用,因此,需要用到适当的工具和开发部门。另外,还需要针对选定的编程语言、框架和技术提供适合的开发环境。同样,架构本身也会对工具和开发部门提出新的需求。例如,根据实际选用技术的不同,可能会产生扩展用于测试的基础设施的需求。

2.3.6 软件架构的质量和价值

如何衡量一套既有或新开发软件架构是否足够优秀?根据[BCK03]的定义,一套优秀的架构应当能够保证项目和系统在生命周期中,于"神奇矩形"框架(即成本、时间、功能和质量)内实现既定目标。跟其他质量属性一样,架构质量好坏的评定比较主观,往往取决于实际的评定人员[ISO/IEC 25010]。

换言之,一套软件架构只能适用于特定目标、限制因素及需求,并在一定程度上应对未来的挑战和问题。软件架构的外在质量必须要结合具体的质量目标才能有效评估。对软件架构的质量特性要求一般是基于当前和未来的目标、限制因素及需求提出的,因此仅针对于特定的目标软件系统。

然而,当前和未来的目标、限制因素、功能需求,尤其还有非功能需求,往往缺乏足够充分和完善的说明。对于这一问题,可以参考 ISO/IEC 25010:2023 *Systems and Software engineering-Systems and Software Quality Requirements and Evaluation* (*SQuaRE*)-*Product Quality Model* 中定义的以下质量特征:

- 功能性;
- 可靠性;
- 易用性;
- 性能效率;
- 信息安全性;
- 维护性;
- 兼容性;
- 可移植性。

这些质量特征对于软件架构和软件系统而言,可以作为起点来引申出更多的质量属性。此外,对于架构的现有目标、限制因素、需求以及它们所要求的质量属性,也可以使用 FURPS(Function:功能性;Usability:易用性;Reliability:可靠性;Performance:性能;Supportability:易支持性)模型检验其完整性(参见第 2.4 节及第 5 章)。

除了用于确定所要求质量属性的这些明确提出的目标、限制因素和需求之外,每个项目还可能有一系列隐含的目标、限制因素和需求。在查验质量属性的完整性时,应当将这些隐含及隐藏的(尚未明确)质量属性尽可能明确化。例如,某个特定数据库管理系统是公司里的标准系统,公司已为其购买了许可且数据库运营稳定,那么架构中必须使用该数据库管理系统就是一项隐含需求。或关于推出市场时间的一些非明确化限制因素也可能导致以增量式开发支持的形式存在隐含架构需求。这些隐含的目标、限制因素和需求必须明确化，并在其基础上确定必须实现的质量特性。只有如此，才能保证将这些隐含的内容都考虑并实现到设计好的架构当中。

除了外在质量，用户无法直接感知的质量属性也非常重要。例如，在现代汽车的产品设计中，各零部件的设计与安装都考虑了如何在未来回收其中的贵金属（例如锌或稀土元素）时能尽可能地简化流程。车主本身并不能直接感知到这些质量属性，但其却能通过车辆价格间接体现出来。

这一类用户无法直接感知的质量属性是伴随软件架构而天然定义产生的，其并不局限于特定的软件密集型系统。如果在系统开发过程中将软件架构认定为核心价值点，则会隐含地随之产生一系列质量目标。例如，软件架构必须浅显易懂、直观透明，必须有最新的配套文档并且必须保证其正确地被实现。架构必须能够保证易于开发，并支持结构化的项目组织。此外，架构还应当保证系统运营的简便性、经济性，以及系统的可扩展性和维护性。出于质量和经济效益考量，也应当尽可能保证现有的构建块能够重复使用。

2.4　鸟瞰软件架构设计

如引言所述，需求工程和架构设计是保障软件开发成功与否的两项关键因素。这两项工作存在着较高的无效开发风险，但也正因如此，需求工程和架构设计在风险最小化和整体优化方面具备最大潜力。

对于这两项工作，不能分而论之。相反，需求工程和架构设计应该综合考量，务求保持彼此步调一致，这样才能相互形成积极影响。双峰模型（[Nus01]）对二者的关系作出了强调，并明确要求需求工程和架构设计应当持续保持协作迭代关系，如图 2-14 所示。

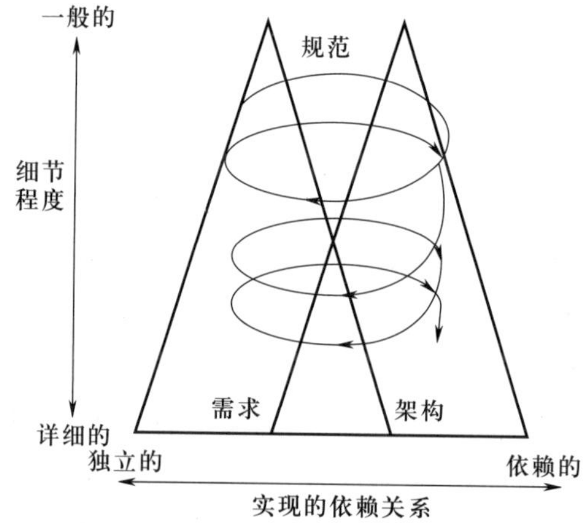

图 2-14　双峰模型[Nus01]

要实际评估需求对工作量的影响，前提是必须有一套初始的粗略架构设计。在粗略架构设计的基础上对工作量作出评估，并将评估结果提交给客户后，客户放弃某些需求的情况并不少见。相反，可能的现有替代方案也能够让负责提出需求的工作人员认识到其需求中仍然存在不足(另请见[HM+07])。

2.4.1　软件架构设计的目标与任务

软件架构设计的核心任务是找出一套设计方法，让需求工程提出的功能性和非功能性需求能够完全按照设计解决方案实现。但是，正如图 2-14 的双峰模型所示，这一设计方法并不是单向的。相反，这是一个需要在需求工程提出的"需求清单"与软件架构师所掌握的包括各种组件、构建块及其他架构工件的可行解决方案之间反复折中磨合以达到互惠的过程。如图 2-15 所示，设计的实质，就是软件架构师顺着这个过程与各利益相关方(例如需求工程师、客户、使用者、开发人员、测试人员以及运营人员)协商来制定未来软件系统的蓝图构建方案。

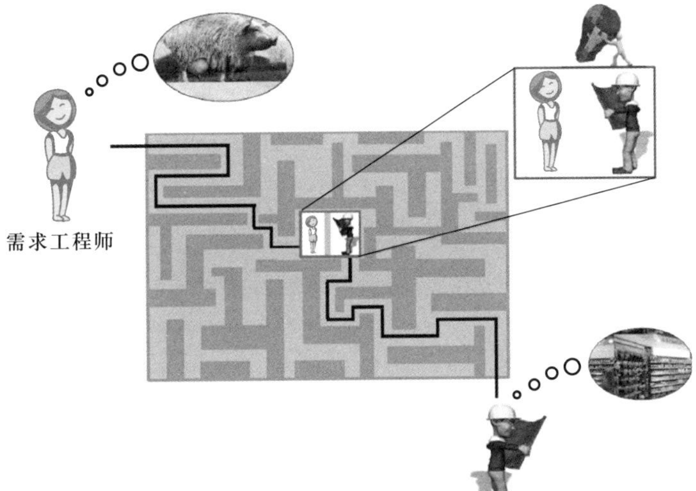

图 2-15　软件架构师的长途跋涉

无论是对新系统还是对已有系统进行扩展，都不应该孤立地看待。与其他系统的接口、相关组织、执行平台以及实施投入的基础设施都应该纳入考虑范畴。作为架构师，应当对四个相邻职能区块(参见图 2-13)的彼此接口、需求和限制因素给予充分考量，并同步进行设计。

架构师还必须考虑系统的完整生命周期，以及上述的四个相邻职能区块。架构意味着对承重元素的投资建设，以便在其他地方获得一定的灵活性和易扩展性。而这一点就要求架构师充分考虑系统的相关生命周期，以保证投资的安全性。

2.4.2 软件架构设计概述

软件架构不是闭门造车，它需要来自项目其他方面人员的团队协作。因此，需要对当前项目以及其周边环境中哪些元素属于或不属于软件架构的一部分有一个共识。其中就包括对接口或构建块等重要术语概念给出一个通用的命名规则。

在图 2-13 中，架构师不仅需要考虑与需求工程方面对接，还需考虑与软件开发过程中涉及的其他方面和职能进行对接。软件架构师设计架构时，应当从这些周边领域的边界条件、规范、限制因素和需求出发，从而明确确立解决方案的各核心部分，例如构建块结构和交互模式等。如果孤立地看，架构的设计流程不具有连续性。即便是“迭代方法”一词，也并不足以说明架构设计流程的本质。流程中的各项工作不能刻意地以线性的顺序逐个开展。相反，如图 2-16 所示，应当将架构设计细分成以下四项具有同等重要性的活动。

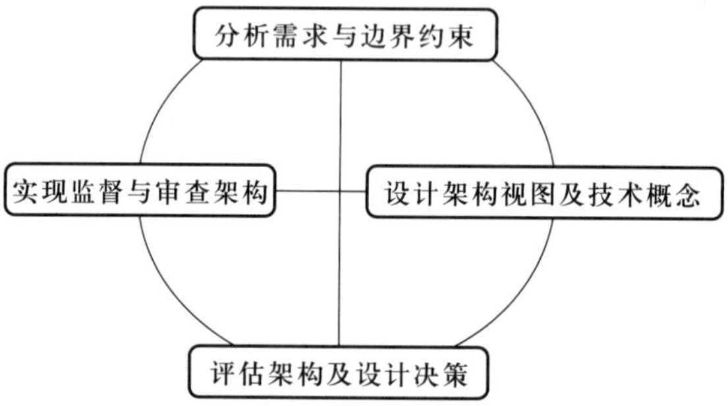

图 2-16 软件架构设计所涉及的迭代及递增步骤

（1）分析需求与边界约束

架构分析的核心工作就是结合周边环境分析各项目标、边界约束以及需求工程提出的功能性（尤其是非功能性）需求（请见图 2-13）。其中必须包括对需求的质量、灵活性（在利益相关方对调整持开放态度的情况下）和可变性（通过外部影响随时间推移造成变动）进行的审核。需求中存在的缺陷必须明确指出（参见[HNS99]）。尤其是对于非功能性需求，由于确定需求的人员往往认为很多内容是不言而喻的，所以造成需求存在很大的完善空间。参与项目的各方，尤其是设计师和开发人员，都必须对架构风格和技术基础设施有一个初步的了解，因为它们是系统核心架构的隐喻。

（2）设计架构视图及技术概念

在这一步骤中，将制定出架构的更多细节。尤其是在视图的基础上对不同架构层（图 2-13 的功能和技术架构层）进行说明的工作，需要在这一步开展。这部分工作的目标是将功能需求分解到对应的功能架构层，并针对非功能需求的相关方面在技术架构层设计相应的构建块实现横切解决方案，并进行相应的文档编写和记录（另请参见第 4 章）。在此过程中，需要始终考虑架构风格和技术基础设施所确立的基本解决方案框架。

(3) 评估架构及设计决策

质量保证是架构工作必不可少的环节。从借助技术原型进行不同的审查、测试到分析和评估方法,具体的质量保证方式多种多样。而其关键,在于根据需求创造出具体使用场景,保证最终架构能够达到质量要求(另请见第 5 章)。

(4) 实现监督与审查架构

与项目参与各方就软件架构进行沟通协商这一工作的重要性往往得不到足够重视。只有在开发人员、客户等所有参与人员都理解并接纳软件架构的情况下,才能保证架构顺利实现并达到预期效果。因此,讨论软件架构必须采用能够让各方人员都理解的方式进行沟通交流。这也就意味着,向客户作出介绍时,详细程度需要有别于向开发人员的介绍。这个过程不是单向的讲解,而应当是双方相互的学习和理解。在实现过程中,需要与项目参与各方就架构持续地进行探讨,不断确定尚未解决的问题、改进的空间、错误和缺陷,以及后续开发的方案。

有效的工具支持也应该在这些概念的基础上建立,以有效保障软件架构设计过程中的各方面工作都能得到最有力的支持,例如需求的分析和管理、架构模型和文档的处理、质量保证及对于架构的沟通交流等。目前,针对每一个工作领域已经存在一些成熟的自主工具解决方案(参见第 6 章)。这些独立工具应当尽可能实现无缝集成,以确保架构师能够有效使用。由于设计流程并非连续性,而是以迭代、递增(甚至是并发)的形式开展的,所以消除各项工具之间的隔阂尤为重要。

2.4.3 设计中各项活动与抽象层之间的相互作用

如前文所介绍,软件架构设计流程中的各项工作活动不能以线性的方式开展。各项工作都具有同等的重要性,架构师需要根据当前的项目情况针对性地给予充分的投入。架构设计是图 2-16 中的四项工作活动持续相互作用的过程。

在架构设计过程中,软件架构师需要依据项目的需要和背景来依次安排这四项工作活动。而各项工作活动的迭代、递增式相互作用与图 2-13 中抽象层与角度的自上而下、自下而上切换紧密相连,例如如下几项。

(1) 环境、需求和约束因素。

(2) 包含多个抽象层的软件架构,如:

- 架构风格和技术基础设施;
- 功能和技术架构层。

(3) 程序设计和实现。

通过这种方式,可以从周边的环境、需求和约束这一顶级抽象层出发,通过软件架构的几个抽象层(例如架构风格和技术基础设施,以及功能和技术架构层),贯通到由软件程序自身、程序设计及实现所在的最底部抽象层。因此,架构设计就是一个连续不断地自上而下、自下而上,在不同抽象层间流动的过程,其间伴随着以交互和迭代递增形式连续开展的各项工作活动,如图 2-17 所示。

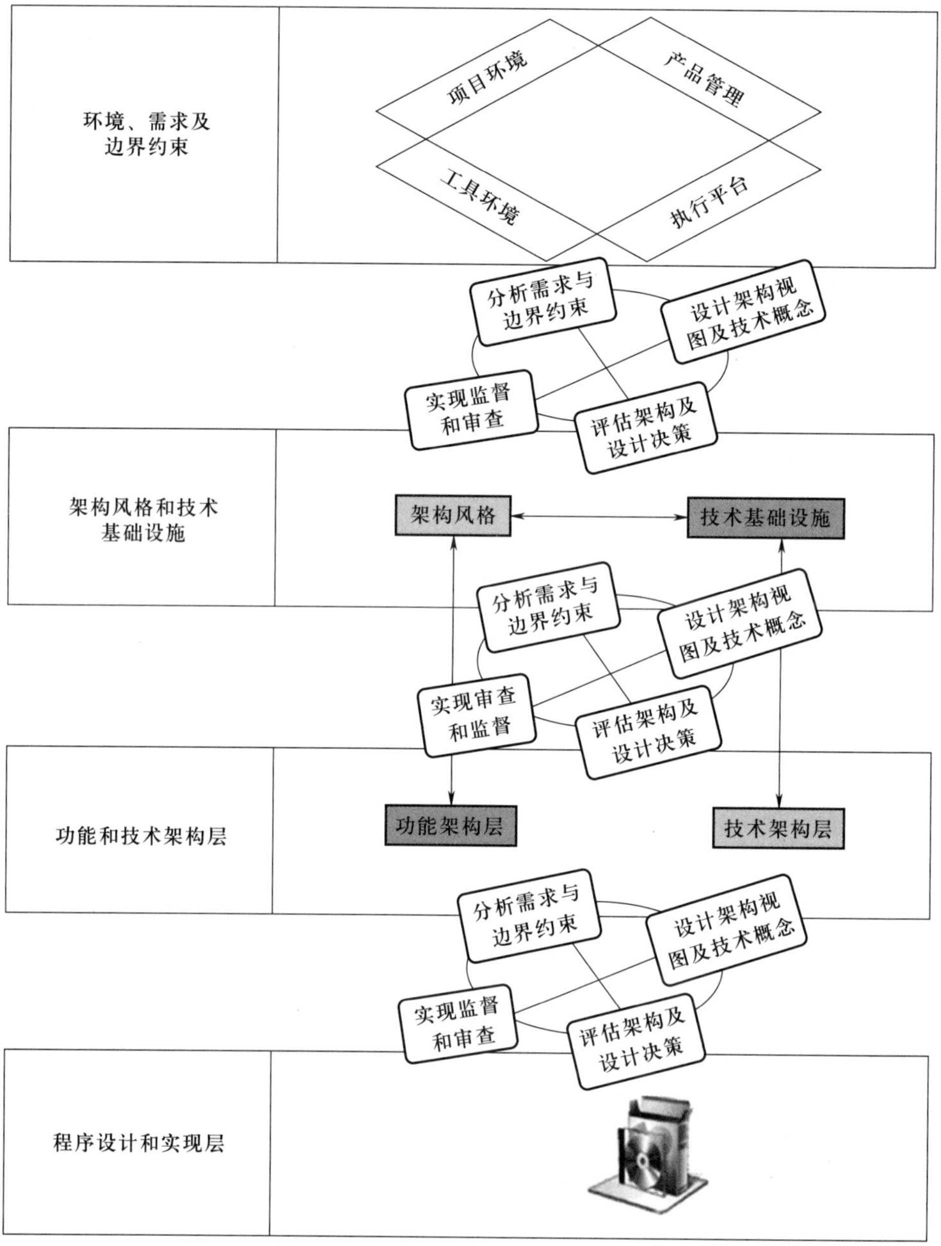

图 2-17 软件架构设计过程概览

在这一过程中，架构设计的项目框架和边界条件由项目环境和项目管理来决定。而架构设计则会反过来提供项目的技术风险和规划信息等信息数据。

需求工程会提炼系统相关责任人员提出的功能性和非功能性软件架构设计需求。如前文所述，这项工作不是单向的。架构设计也反映了需求实现的可行性及其对需求工程的影响。

在架构设计过程中，还需要考虑部分或者所有现有的技术基础设施的影响，例如服务器基础设施、操作系统、对编程语言的要求，以及运营部门的情况等。尤其是在很多情况下，运营部门的配合很容易被忽视，从而可能导致在系统推出时产生重大问题。这里要再次强调，架构设计不是单向的工作，架构设计可能会衍生出新的技术基础设施需求，例如进一步扩展服务器环境，或者整合更多的中间件等。

最后，架构设计会为具体的设计和程序编写工作提供相应的规范。不过需要注意的是，信息的反馈在这里也是必不可少的。在软件架构的实现过程中，可能会出现一些之前没有预见的问题，如果不将这些问题传达给软件架构师，而是自行采取一些想当然的简单解决方案，则可能给整体架构造成隐患。因此，和软件架构师进行沟通探讨，双方共同制定解决办法，必要时对架构作出调整也非常重要。

2.4.4 软件架构师的工作任务以及与其他职能的相互关系

软件架构师的工作任务就是根据功能性和非功能性需求，在充分考虑周边环境需求和限制情况的基础上，制定出系统的构建蓝图。系统后续的实现、维护、支持和优化改进工作都要以此蓝图为基础。这就要求架构师制定出一套完整简洁的架构说明。架构说明不仅是用作沟通协调和讨论的平台，也是设计和实现的计划。如图 2-18 所示，架构师需要为参与软件开发项目的各个职能角色提供大量的接口。

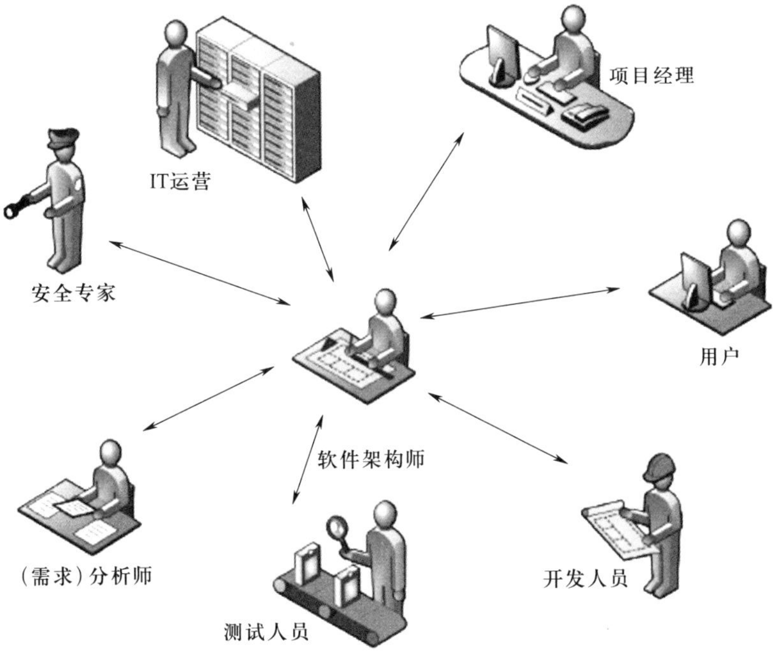

图 2-18 软件架构师与相邻各职能之间的关系

(1) 交流与讨论平台

架构师需要基于架构向需求工程师、客户甚至软件用户展现各项需求实现的可行性。在这一过程中,架构师需要为各项功能性和非功能性需求的归纳、优先级排定,以及后续的优化变更提供支持,还应找出所有可能的矛盾和差异,进而最终保证各项需求能够被实现。架构师还需要找出集成现有解决方案和系统的可能性,将需求与现有系统架构和硬件情况进行比较。之后,则是制定新的解决方案,并对所有备选方案逐一进行评估和评测。最后,架构师需要依据软件架构的情况,就项目和迭代工作的规划向项目经理提出建议,为风险分析和风险消减工作提供支持,进而为整体的工作结构规划和分配提供协助。

(2) 设计和实现的计划

作为全体系统开发人员的中心联络人,架构师需要定义系统的所有构建块,以及各构建块的接口和交互模式,还需要推动新技术和创新解决方案的整合,并与开发人员针对新技术、新方案进行探讨。此外,架构师还负责编程指南的制定、介绍、培训和审查。他们需要协助开发人员开发各类原型及示例解决方案,并推进已有(部分)实现的重复使用。除此之外,架构师还要负责对架构作出说明、制定开发规范、传授个人经验、进行代码审查,还需要协助测试人员开展测试工作。如果条件允许,在理想状况下,架构师甚至还负责指定测试框架条件和具体测试用例,尤其是用于检验具体架构目标的测试用例。测试序列和测试依赖环境的定义也需要架构师的协助。最终,所有与架构相关的故障及错误报告都应以架构师为首要联系人。同时,架构师也是运营、安全专家等组织内部职能的中心联系人。

2.5 知识测试

以下是从 iSAQB®课程大纲[isaqb-curriculum]“软件架构中使用的基本术语”一节中摘录的部分详细内容,以帮助读者巩固已学知识。

学习目标 2-1:讨论软件架构的各项定义。

- 比较软件架构的几种不同定义并找出它们之间的相似之处。
- 理解软件架构的概念和定义。
- 软件架构并非一套解决方案,而是解决方案的设计和说明。

学习目标 2-2:理解并认识软件架构的各项重要意义及目标。

- 软件架构更侧重于持久性、维护性、易修改性以及稳健性等质量属性,而不单纯是功能性。
- 软件架构为软件的创建、维护以及实现提供支持。
- 软件架构为质量要求的实现提供支持。
- 软件架构可以帮助各利益相关方理解系统。

学习目标 2-3:理解软件架构在软件生命周期中的位置。

- 理解信息系统中软件架构与业务和运营流程的相互关系。
- 理解信息系统和决策支持系统(数据仓库、管理信息系统)中软件架构与业务和运营流程的相互关系。
- 理解需求、质量目标、技术或系统环境的变更可能会造成软件架构需要随之变动。

学习目标 2-4:理解软件架构师的工作内容和职责。

- 软件架构师需要保证解决方案能够实现所要求的质量和功能。根据所采取方案或过程模型的不同,架构师需要协调本职责与整体项目管理与/或其他职能的相关职责。
- 软件架构师需要明确需求和限制因素并对之提出疑问,在必要的情况下还需要对其进行细化。对于功能性需求(需要实现的功能),则还需要将质量属性要求(要求的限制因素)纳入范围。
- 软件架构师需要决定如何将系统分解成不同的构建块,同时确定各个构建块之间的相互依赖关系和接口。
- 软件架构师需要确定并明确所有横切技术关注点,例如,持久性、通信、图形化用户界面(GUI)等。
- 软件架构师需要在视图、架构模式和技术理念的基础上对软件架构进行沟通协调,并编写配套记录文档。
- 软件架构师需要全程护航,陪同监督架构的实现和实施;在必要的情况下,还需要将利益相关方的反馈信息整合到架构当中;另外还需要审查、保证源代码和软件架构的一致性。
- 软件架构师需要对软件架构作出评估,尤其是对涉及质量特性要求的风险作出评估。
- 软件架构师应当负责指出并明确架构决策的可能结果,并与各利益相关方进行探讨。架构师的工作职责还包括分辨所有工作任务中哪些存在迭代的必要性,并指出提供相关反馈的时机。

学习目标 2-5:将软件架构师的工作角色与其他相关方联系起来。

- 软件架构师应当能对自己的工作职能作出说明。应当能够基于特定的背景,根据与其他利益相关方的关系调整自己在软件开发过程中的工作内容,尤其是面对以下几个职能:
  - 需求分析(系统分析、需求管理、专业领域);
  - 实现;
  - 项目领导与管理;
  - 产品经理/产品负责人;
  - 质量保证;

- IT 运营(生产、数据中心),主要应用于信息系统;
- 硬件开发。

学习目标 2-6:能够正确阐述开发方法与软件架构之间的相互关系。

- 软件架构师应能够正确解释迭代方法对架构决策的影响(尤其是在风险和可预测性方面)。
- 考虑到软件架构固有的不确定性,软件架构师一般需要采取迭代的办法开展工作、作出决策。因此,就必须系统性地向其他利益相关方寻求反馈信息。

学习目标 2-7:能够正确区分架构和项目目标的不同。

- 系统可以以项目、Scrum 冲刺(sprint)、迭代、版本或其他周期形式进行开发。这里的"项目"一词也可以代指采用的所有上述这些工作组织形式中的任何一种。
- 软件架构师应当能够明确展现架构的目标、限制因素和影响因素的重要意义。
- 软件架构师应当能够明确阐述需求与解决方案之间的联系。
- 软件架构师应当能够依据现有需求明确制定架构目标。
- 软件架构师应当能够解释(长期)架构目标的内容,以及(长期)架构目标与(短期)项目目标之间的区别。

学习目标 2-8:能够正确区分显式声明和隐式假定。

- 软件架构师应当能够明确提出各项假设或前提条件,并避免隐含假设,应知晓隐含假设可能造成利益相关方产生理解错误。

学习目标 2-9:了解软件架构师在企业组织内部的角色与职责。

- 软件架构师应当了解更多架构层级的情况,例如基础设施架构、硬件架构、软件架构、企业 IT 架构以及业务流程架构。

学习目标 2-10:了解不同种类 IT 系统之间的区别。

- 软件架构师应当能够正确区分不同类型 IT 系统各自的软件架构需求和方法。

3　软件架构的设计

第 2 章介绍了软件架构的基本知识。在设计开发软件系统的过程中，软件架构指定了一条构建路径，以确保在完全构建的软件系统中实现由需求工程所确定的各项功能性与非功能性需求。本章将为读者介绍如何找到这条构建路径，换句话说，如何设计软件架构是本章的重点。

架构设计是一个发挥创意的过程，它和针对复杂、不完全形式化的问题和设计新算法的过程有着异曲同工之妙。一套软件架构的创造绝非一位架构师凭借一己之力，靠着冥思苦想、顿悟就能实现。这种单打独斗的方法注定失败，尤其是在面临复杂软件系统的情况下。如果架构的设计没有通过各项目参与方的协调，则绝无可能毫无异议地被接受并且顺利实现。同样，一个人也无法同时跟进所有需求，无法清楚其所有决策所产生的可能结果。因此，在设计过程中，多方沟通才是保证最后成功的重要因素。

本章首先将概括性地介绍架构设计过程。在此之后，将介绍一些成熟的设计原则及启发式方法，例如自上而下和自下而上、“分而治之”，以及从简原则等。在之后的小节中，将展示一系列以架构为导向的开发方式，进而引出一些当前广泛使用的方法和过程。此后，再来共同探讨一系列在应用得当情况下能够可持续地提升设计质量的方法技巧。最后，将介绍部分有助于各位架构师形成大量好的创意和解决方案的架构及设计模式。

3.1　对应 iSAQB®课程大纲

下面是摘自 iSAQB® 课程大纲[isaqb-curriculum]中“软件架构设计”一节的部分内容。

3.1.1　学习目标

- 学习目标 3-1：选择并遵循适合的架构开发方法和启发式方法。
- 学习目标 3-2：设计软件架构。
- 学习目标 3-3：指出并考量影响软件架构的各项因素。
- 学习目标 3-4：确定并执行各项横切方案的设计。
- 学习目标 3-5：说明、解释并合理使用重要的架构模式。
- 学习目标 3-6：说明并使用各项设计原则。

- 学习目标 3-7:规划不同构建块之间的依赖关系。
- 学习目标 3-8:使用合适的方法和技术确保质量需求的实现。
- 学习目标 3-9:设计及定义接口。

3.2 架构设计过程概述

如第 2 章所述,在设计过程中,架构师需要至少从两个维度出发来开展设计工作(图 3-1):第一是沿抽象层自上而下和自下而上的变化,第二是架构设计中各项工作活动之间的连续迭代及递增的相互作用。

首先,要对下面的四个抽象层作出区分(参见第 2 章):

(1) 需求与边界约束。

(2) 架构风格和技术基础设施。

(3) 功能和技术架构。

(4) 程序设计和实现。

需要注意的是,实际工作中的抽象层数量和结构可能与上述区分不同。尤其是对于模型驱动架构(Model-driven Architecture,MDA)等设计方法,其中所包含的抽象层差异化更大(另请见第 2 章和第 4.3 节)。此处所介绍的抽象层主要是一般性的顶层结构,可以作为这些方法的构建框架。

如图 3-2 所示,各个抽象层之间的转换同时采用了自上而下和自下而上的方式。在设计过程中,架构师需要从需求和边界约束所在的抽象层着手,通过软件架构的各抽象层,最后进入最底部的抽象层,即由软件程序本身、程序设计以及实现所构成的架构层。

最顶部的架构层(需求与边界约束)可以作为架构设计的基础。功能性和非功能性需求或要遵循的架构标准都处于这一抽象层。软件架构自身的部分则包含于该层下方的两个抽象层中。

在架构风格和技术基础设施层,若采用了一套包含富互联网分布的三层结构的软件架构,那么在更往下的功能架构和技术架构层,则需要对具体的功能和技术组件,以及其各自之间的交互情况进行设计。

最后一个抽象层(程序设计和实现层)是实现层,其代表了在上方各层中设计的软件架构的最终目标,即一套开发完善的软件系统。此外,软件架构还对程序员需要遵循的相应架构规范和规则作出了明确定义。

架构设计从本质上说是一个创造、创新的工作,因此其过程必然需要采取迭代、递增的形式:逐步迭代以整合各项反馈和发现,逐步递增以不断推进完善开发。这也解释了为什么软件架构设计的各相关领域工作活动不能刻意以线性的顺序逐个开展。所有这些工作活动都具有同等的重要性,需要软件架构师根据具体的项目情况投入充分的精

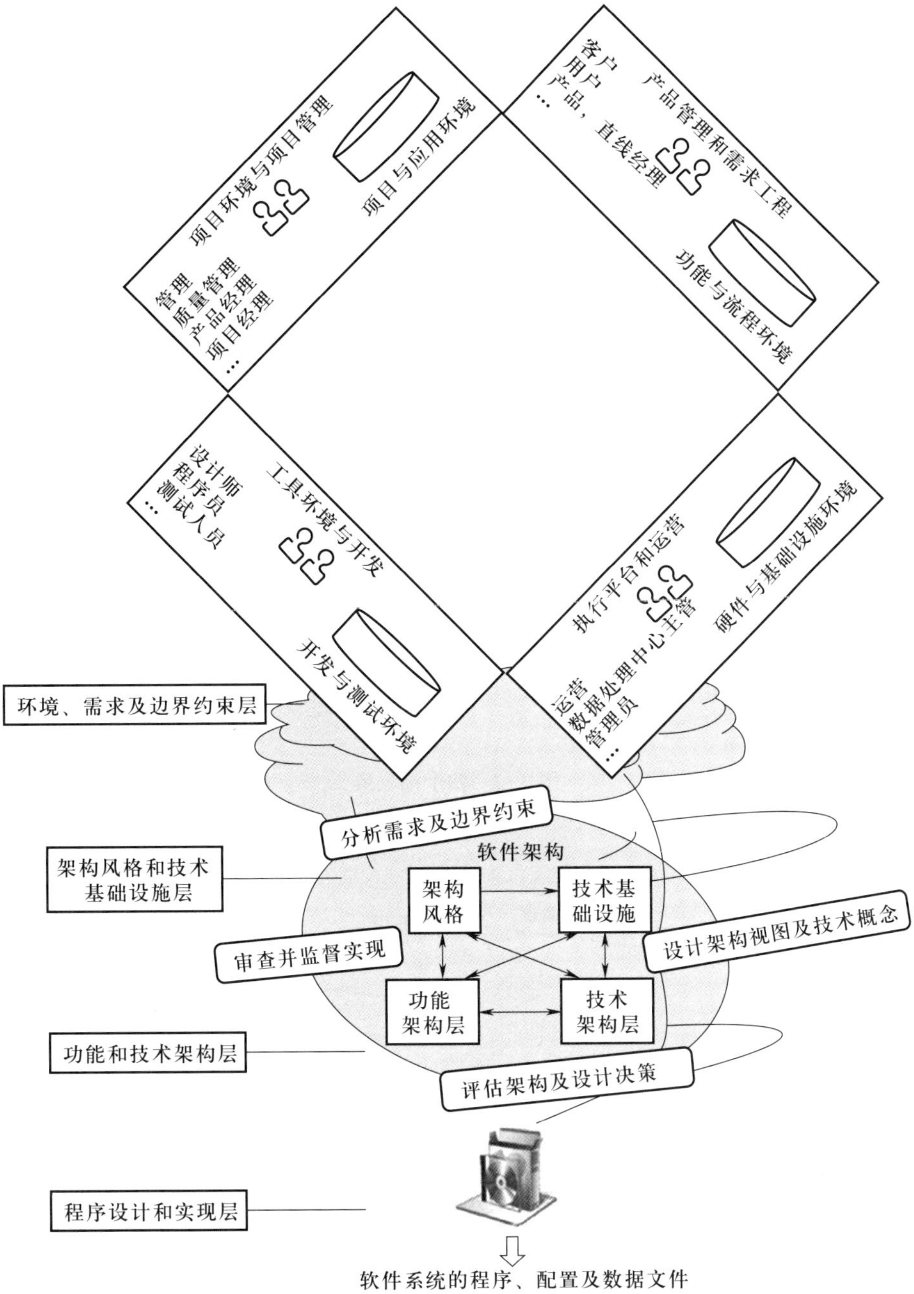

图 3-1　软件架构设计过程概览——自上而下与自下而上、迭代与递增

力。图 3-3 所示的设计过程中的四项工作活动没有既定的开展顺序。

在架构设计过程中，软件架构师基本需要同时开展这四项工作活动，不过还是应当根据项目情况和实际需要排定合理顺序。这里的顺序排定应当遵循下列的基本原则。

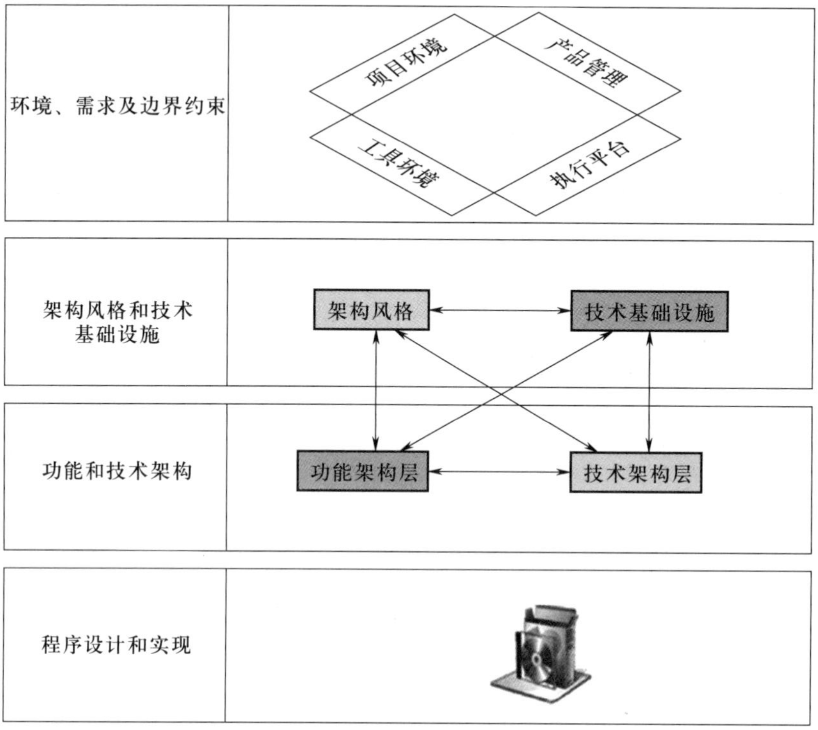

图 3-2　四个抽象层

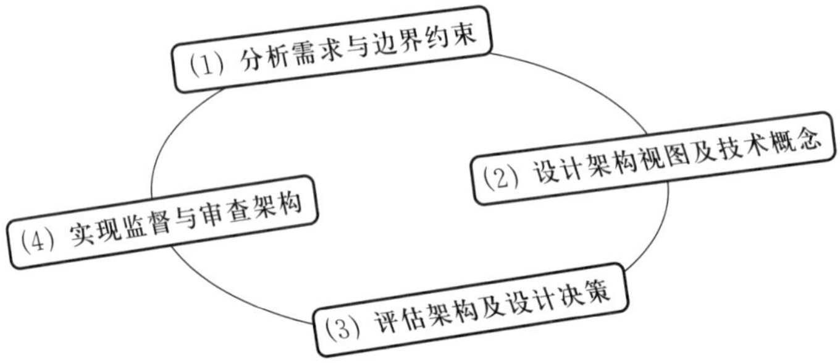

图 3-3　设计过程中的四项主要工作活动

(1) 在第一项工作活动(分析需求与边界约束分析)过程中,一般需要将通过上一抽象层获取到的信息进行分析,从而为设计的制定建立起核心决策标准,例如系统应以何种标准分解成不同的构建块。

(2) 在第二项工作活动(设计架构视图和技术概念)过程中,需要实际开展设计工作。设计的过程本质上就是作出决策。需要确定解决方案的各个构建块;针对目标抽象层制定整体解决方案,然后根据在初步分析过程中确定的决策标准选取最适合的解决方案。

(3) 第三项工作活动需要对架构和设计决策作出评估。在这一阶段,可以在架构模型上使用先前确定的需求场景来对架构进行测试。

(4) 最后一项工作活动主要是对低一级抽象层的架构实现提供监督和审查。作为软件架构师,应当积极地对架构的实现提供支持,如果有需要且条件允许,也可以参与代码编写。

因此,架构设计就是一个连续不断地从抽象层自上而下、自下而上切换的过程,其间伴随着以迭代、递增形式开展各项工作活动。架构师需要在这一过程中不断地从两个维度(抽象层的维度和工作活动领域的维度)推进工作开展。两个维度的工作推进要避免混乱无序,各项行动应当从架构师的角度深思熟虑、有序推进。

在各项工作活动的开展过程中,软件架构、系统和整体的企业组织会不断地相互影响、相互推进。迭代/递增式工作流程,以及自上而下/自下而上的过程有助于解决设计所面临的各种不确定性,让架构师能够在比较早期的阶段更容易发现设计存在的问题。因此,架构师应当尽早将核心视图、各抽象层、功能,以及非功能需求等内容纳入工作考量范围当中。

随着抽象层改变,架构师需要与不同的利益相关方接触。在需求和边界约束层,需要频繁地接触客户及需求工程师。在程序设计和实现层,则需要对话程序员及测试人员等适合的合作伙伴。因此,架构师的主要工作之一,就是在设计流程中充分扮演好核心沟通渠道的角色。

举例来说,当架构师在架构风格和技术基础设施层进行"架构视图和技术概念的制定"工作时,可能会发现按照先前制定的决策标准和部署架构,从定性角度看是等效的,一套是富互联网应用解决方案,另一套是胖客户端解决方案,二者都可以充分满足预先制定的决策标准。

在此情况下,作为架构师,应当切换抽象层再进行审视。在需求和边界约束层,架构师可以与需求分析师进行沟通,向其说明两种备选方案,并强调需求可能不完整,造成无法决定最适合的解决方案。而需求分析师可以转而邀请架构师与利益相关方共同探讨这一问题。探讨的结论可能是在当前抽象层基础上额外增加需求。

随后,架构师可以回归架构风格和技术基础设施这一抽象层,和对需求和边界约束进行分析的工作活动当中,将新增需求带来的变更补充到先前确定的全套决策标准中去。之后再拿着修订后的标准进入架构风格和技术基础设施层的设计架构视图和技术概念工作活动当中,根据新修改的决策标准重新选择最适合的架构方案。

当然,实际工作的过程不会同上面所述的一样机械死板,不过其仍然反映出架构设计流程中典型、现实的过程。这个过程离不开反复的电话沟通、讨论和会议。尽管不能保证所有内容都对所有参与方保持绝对透明,但架构师还是应时刻清楚从两个维度看自己当前所工作的层级阶段。只有如此,才能保证各项目标正确达成,保证沟通顺畅,且解决方案有效。

在设计过程之初，首要任务应当是收集尽可能多的信息：

- 确定项目所需的领域知识和技术背景知识；
- 确定企业组织中现有系统的情况，调查其可复用性；
- 确定是否有第三方系统具备与待开发系统（或部分待开发系统）类似的功能；
- 阅读相关技术文献，寻找所需的解决方案和过程模式。

以上只是相关信息来源的一小部分示例。

在初步分析的基础上，就可以定义出核心的系统理念：核心任务是什么？要回答这个问题，需要参考功能领域最重要的概念和方面，用简单几句话描述系统的主要任务和作用。在大多数情况下，截至这里架构的初步框架就已经成形了，因为依靠上面收集到的信息已经可以确定系统属于信息系统、移动系统还是嵌入式系统（图 2-3）三个类别中的哪一类。

一旦确定系统类别，接下来的设计步骤和问题也就随之明晰了。如果要设计的是信息系统，则可以选择分层架构。需要明确是否需要交互式系统或批处理系统；系统要支持的业务流程是什么；对于当前企业数据的使用，事务处理是否有必要；可用性和性能需求如何。

而对于嵌入式系统，要问的问题是：它是否基于专门的硬件运行或用于控制专门的硬件？对于有严格时序要求的操作，是否有保证既定运行时间的需求？是否有必要采用基于事件的控制系统？是否需要采用并行控制？

诸如此类的问题可以帮助架构师为接下来的工作步骤做好充分准备。同时，架构师还需要时刻关注各方面的影响因素和限制因素，例如企业组织和政治方面的因素、技术和运营的边界条件/约束限制，以及功能性和非功能性需求等。

企业组织因素主要指客户公司结构、团队内部情况或决策制定机构的情况，还有可用资源的情况，例如人员、预算或排期要求等。此外，过程模式和工具使用等企业组织标准也需要考虑在内。法律方面的问题也需要给予适当的审核和考量。现有软件和硬件基础设施、编程语言和风格、参考架构、当前数据结构、现有的库以及框架结构等技术和运营因素同样不能忽视。

作为架构师，应当不断关注和反思以上因素及其他的影响和限制因素。针对这一方面，顶层的抽象层（需求和边界约束）可以从以下四个方面提供对应的参考点：

- 项目环境与项目管理；
- 产品管理和需求工程；
- 执行环境和运营情况；
- 工具环境与开发。

这四个关联的区块是需求和边界约束的主要来源，同时也跟架构存在交互关系。如果架构师能够充分证明对这四个关联区块提出的需求或约束作出调整能够显著简化架构，则决策制定人一般会慎重考虑是否采取一定的措施。在此基础上，对其他架构、系统和企业组织方面的影响自然也要纳入考虑范畴。架构设计所面临的功能性和非功能性需求就是这样由负责需求的企业组织中的需求工程部门归纳提出并提炼出来的。架构设计应当提供可能性来反映出各项需求的可行性,以及其各自对需求工程的影响。如果发现调整少量需求可以大幅简化架构,则架构师应当负责与相关联络人和决策制定人对接并讨论可行方案。

3.3 设计原则与启发式方法

启发式方法是指通过节省资源的方式来解决问题的方法和步骤。

根据出发点和问题的不同,本章所提出的很多方法和步骤都可以帮助大家解决问题,例如自上而下和自下而上的方法、分而治之原则或关注点分离原则等。

相比明确展示具体软件架构搭建方法的参考架构,架构原则[VA++09]的作用则是提供经过验证的基本原则,但不提供其在具体案例中的应用方法。

在本文所介绍的大多数原则中,有两个方面发挥了重要的作用。它们分别是:降低架构的复杂度和提高架构的灵活性和可变性。

3.3.1 自上而下和自下而上的方法

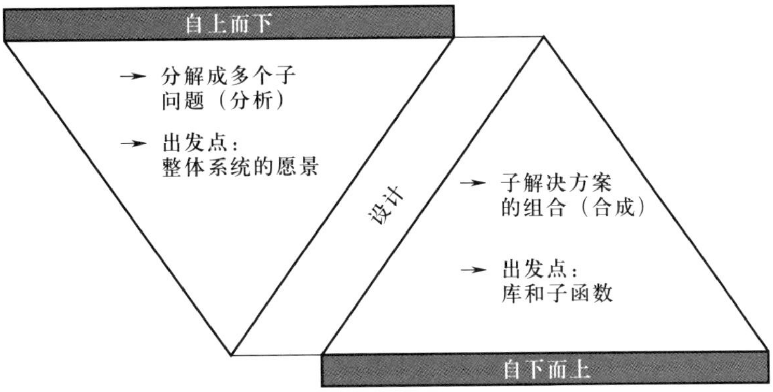

图 3-4 自上而下和自下而上的方法

自上而下和自下而上的方法如图 3-4 所示。

自上而下的方法从问题出发(表 3-1),首先将其分拆成多个较小的子问题,直到最后得到无法再分解的、可以直接实现的微型问题。这一方法的优点在于所有组件都是已知的,出现不适当结果的风险非常低。但是,这些结果只有在后期阶段才会显现出来,并且最初理解上的错误在项目结尾阶段才会对结果产生影响。

相比之下,自下而上的方法从具体的"机器"出发(表 3-2),并在其基础上进一步搭建"抽象机"。开发人员可以在不完全掌握整体系统细节的情况下开始实现过程。将局部的解决方案相互整合,直至形成完整的"问题解决机"。

表 3-1　自上而下的方法

优点	缺点
问题理解到位	最后阶段才进行关键集成
不受机器和语言限制	现有(部分)解决方案容易被忽视
不存在迷失于细节的风险	对末期阶段发现的问题需要作出大规模修改
干净的接口/一致性	关于设计是否符合功能预期的反馈比较晚
设计在产品中可见	

表 3-2　自下而上的方法

优点	缺点
可复用性高	无法保证所有部分都用得到
通过增量测试实现高功能可靠性	以技术因素为导向,而不是以用户需求为导向
逐步集成整合	存在过早优化的风险
从可疑的子问题入手	存在不受控增长的风险

相比自上而下的方法,这一方法能够较快地看到成果,并且能在早期阶段定位风险。然而,部分结果有可能会与后续的工作步骤不适配。

这两个方法彼此并不冲突,可以互补。

3.3.2　分层组合(分解)

3.3.2.1　分而治之原则

分而治之(拉丁语:Divide et impera)原则被广泛应用于计算机科学的许多领域,是一种将任务不断拆分成子任务,直至将任务复杂度降低至可应对程度的简化式解决方法。这一原则也常见于很多算法应用当中,其核心理念是认为将问题拆分成较小的子问题有助于减少解决很多问题所需的工作量。

明显可以看出,分而治之与自上而下的设计方法有着相似性。通过将系统或组件拆分成较小、相对独立的子组件,就可以形成分层(或树状)的组件结构。

使用这一方法也可以将单个或多个功能进行封装,也可以用来将关注点和问题的不同方面作拆分。

根据算法的不同,在解决整体问题时可采用的方法有很多,例如:

- 最终子问题的解决方案同时也是整体问题的解决方案。例如在二叉树中进行搜索时,二叉树中适当的位置是在搜索的最后一步后确定的。
- 通过结合不同的局部解决方案形成整体解决方案。

- 依据既定标准从最佳局部解决方案中选取整体问题的解决方案。对于某些优化问题，例如，对解决方案空间进行细分，然后在细分的局部解决方案空间中寻找最优解决方案。然后从所有最优局部解决方案中寻找最佳解决方案作为整体解决方案。

3.3.2.2 分解原则

分解是降低复杂性的重要方法之一[Sta11]。分解的核心原则之一就是封装。封装是保证系统各个部件之间不会产生不应有的依赖关系的必要手段。通过将各个组件的复杂性进行封装，可以将每个组件视作一个黑盒。组件自身不应当对其他组件的内部结构作任何假设。

其他重要方面还包括低耦合和高内聚，相关内容将在后文详述。

如果有已经搭建并经过测试的成熟结构，应当尽可能重复使用，不要重复造轮子。

作为架构师，应当采取迭代式的设计方法，在原型设计的基础上确定和评估各项优缺点。

同时，应当将系统分解成尽可能独立的元素，以清晰、易懂的方式分离各项关注点。

3.3.2.3 从简原则

简洁和简单的好处显而易见，它们能让事物更好理解，并防止问题被过度的复杂性所掩盖。简单的结构比较好理解，因此也更容易变更。此外，任何依赖关系也能更容易被发现和移除。

从简原则和适用性息息相关，在一些特定的情况下，保持一定的复杂性还是有必要的。不过，如何适当地保持复杂性要依赖于个人的经验。如果有疑问，应该优先考虑复杂度较低的方案。

3.3.2.4 关注点分离原则

关注点分离原则是指将问题的不同方面相互分离，形成多个子问题，再独立解决每个子问题。与很多其他原则一样，关注点分离原则可以追溯到分而治之原则。

小到单个类，大到整个系统，在设计的所有层面上都不能忽视关注点和职责（责任）的问题。

其中，功能性元素和技术元素的分离尤其重要，应当将其作为一项基本目标。通过分离功能性元素和技术元素，可以将功能抽象地从具体技术实现当中分离出来，让二者能够在后续过程中彼此独立地推进开发（或者能够让各个程序部分更容易替换和复用）。此外，还能提高变更及变更所造成影响的可追溯性，进而提高软件质量。

系统的模块化程度决定了其可被分解，进而封装到独立构建块（模块）的程度。关注点分离原则可以配合信息隐藏原则来实现模块化原则。模块化原则是指应当尽可能使用关系简单且稳定的独立（自足式）系统构建块。模块化系统的构建块应该是黑盒，并对外界隐藏其内部运作。

3.3.3 信息隐藏与精简接口

3.3.3.1 信息隐藏

信息隐藏原则是由大卫·派纳斯(David Parnasz)在20世纪70年代早期提出的。

如前文所述,系统的复杂度应当封装在组件(构建块)中,以提高变更的灵活性。封装好的组件被视为黑盒,不接受对其内部结构的访问,仅允许通过接口进行访问,而且只有确实与当前工作任务绝对相关的信息才可以被披露。

3.3.3.2 接口的使用

一套架构最重要的方面就是接口以及各个构建块之间的关系。接口是整体系统基础的组成部分,是系统各个部分之间的桥梁。系统中各个构建块和子系统之间都需要通过接口进行沟通和协作。同时,系统对外界的通信也需要通过接口进行。

3.3.4 定期重构和重新设计

第一次用钥匙打开一栋新房的门锁,那种体验无与伦比。屋内每个房间还弥漫着油漆工、木工和其他工人完成最后一道工序后的味道。一切看起来都干干净净,厨房也是整洁有序。几周后,新鲜感消失了,这时如果不定期扫除、整理、维修、丢垃圾,则新房子很快就会变得不那么顺眼。

同样的道理也适用于软件及其架构。软件通常是需要不断改进的。如果架构师不定期对架构进行整理,去掉过程中因为时间压力或者因为修复漏洞所形成的不完善的边边角角和冗余,并集成到基本架构中,这样一来,即使是最优秀的软件架构也会很快退化,其结果往往是令人震惊的。因为软件进一步开发和改造的成本太高而丧失经济效益性的情况比比皆是。如此一来,推倒重来就不得不成为必选项。

因此,架构师有必要定期对软件进行"重构"(Refacoring),并进行重新设计。马丁·福勒(Martin Fowler)对名词形态的"重构"以及动词形态的"重构"作了以下的区别定义。

- 重构(名词)[Fow99]:"软件内部结构的调整,使其在外部可观测的行为表现不变的情况下更容易理解和变更。"
- 重构(动词)[Fow99]:"通过应用一系列重构活动,在不改变软件可观测行为表现的情况下改变软件结构。"

重构的作用是调整系统的依赖关系,从而降低增量开发的复杂性。举例来说,假定有一个类,这个类以 u.getV().getW().getX().getY().getZ().doSomething()的形式通过多重间接引用(解引用)访问另一个类,现在需要修复这个类的漏洞。类似这样的间接引用链会在整体类的网络中造成直接的依赖关系,应当尽可能避免。对于此例的情况,一个可行的重构方案就是在类 U 中加入一个新的方法 getZ()。

定期对架构进行重构和重新设计需要时间。因此在整体项目规划中留出相应的资源是非常有必要的。

3.4 以架构为核心的开发方法

本节将介绍当前以架构为核心的开发方法和架构设计与实现方面的理念。其目的是让各位读者能够对以架构为核心的开发方法有概括性的了解，内容并不详尽，仅起到抛砖引玉的作用。

3.4.1 领域驱动设计

领域驱动设计(Domain-driven design，DDD)是一系列能够帮助开发人员对目标系统进行设计的原则和模式的集合。这一概念最早是由埃里克·埃文斯(Eric Evans)提出的，它能够降低按业务领域构建大型系统的难度，对于深入理解微服务也起到至关重要的作用。依据此方法，每个子系统都可以构成一个独立的单元。

3.4.1.1 以业务模型作为设计基础

设计的第一项工作应当是构建业务领域[Sta11]。领域模型应该纯粹从业务角度出发进行构建，并且需要在项目范围内得到全面认可。这一模型能够提高领域专家与开发人员之间的沟通效果，也保证了精确制定需求的可能性。领域模型可以在软件内通过直接映射的办法进行测试，过程非常简单。在这一模型的基础上，可以创建一套领域专用的通用语言，并将其中各个词汇术语纳入项目术语库。

这套通用语言就是所谓的"统一语言"，是领域驱动设计的核心理念。在软件开发的各个方面都应该使用该统一语言——也就是说，项目所有参与人员在比如源代码、数据库和其他组件中都应当保持与领域专家的术语统一。统一语言对业务、领域模型的各个元素、类、方法等都作出了描述。

如图 3-5 所示为使用领域驱动设计方法创建的领域模型中的各个元素。

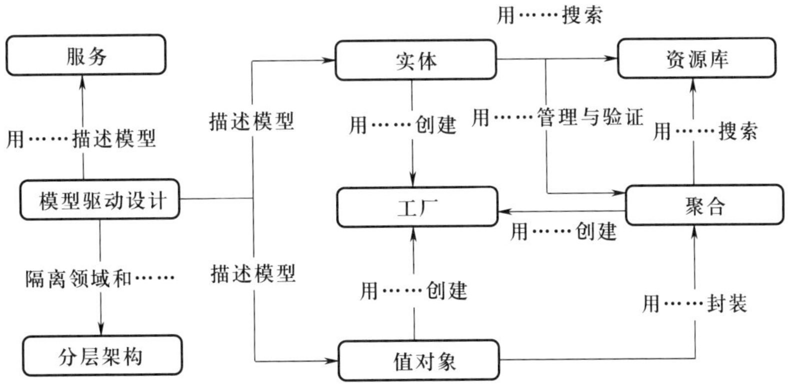

图 3-5 领域模型中的组件元素

3.4.1.2 领域对象的系统化管理

图 3-5 中的实体代表领域中的核心对象，通常是持久态的。在领域中，实体具有一致的身份和明确定义的生命周期。一个实体就是系统中的一个物体。可以用名词(例如人或地理位置)的形式来想象一个实体。

值对象描述的是其他对象的状态，没有自己的身份，其作用就是对其他有身份的对象进行描述。值对象可以由其他值对象构成，但不能由实体构成。与实体不同，值对象不能修改。

服务是指表示领域过程或者过程的操作，这些操作不被实体所识别，并且一般没有自己的状态。这些操作的输入输出是实体、聚合或值对象(即领域对象或业务对象)。

在领域对象的管理方面，埃文斯推荐使用以下三种不同的管理对象。

(1) 聚合

聚合能够封装内联的领域对象，每个聚合有且仅有一个以根对象形式存在的实体，该实体是对聚合的唯一访问通道。外部对象中只能包含对根实体的引用。

(2) 工厂

工厂的作用是封装用于构造复杂对象结构的非琐碎构造。工厂无法访问其他层，仅用作构建业务对象。

(3) 资源库

资源库的作用是保证所有类型的对象能够获取对其他对象的对象引用，同时封装了业务对象对底层持久化技术的访问。

3.4.1.3 业务领域的构建

业务领域的构建一般以业务对象或用户事务为基础进行。

(1) 下列情况适合以业务对象为基础进行分解：

- 需要复用；
- 业务逻辑复杂、范围广或比较灵活；
- 面向对象范型易于理解。

(2) 此类型的分解大体上对应面向对象的分解。

(3) 下列情况适合以用户事务为基础进行构建：

- 数据获取简单，数据操作简单；
- 集成外部系统；
- 业务逻辑简单有限；
- 对面向对象的过程经验有限。

用户事务是指系统用户所能够执行的操作，包括所有系统内部的操作，如检查输入数据。

这一方法最重要的方面就是保持概念完整性。作为架构师，应当根据相似性的原则尽可能将系统的所有组成部分进行细分，并保证贯彻应用这一理念(同时做好文档记录和编制)。

3.4.1.4 领域的类型

领域驱动设计会将系统细分为以下三个不同域：

- 核心域；
- 通用(子)域；
- 支持(子)域。

核心域包含了系统的核心功能，并需要对系统的存在原因作出描述。如果条件允许，核心域应当由经验最丰富的开发人员负责实现。

通用(子)域包含了对业务具有重要意义，但不构成核心域的功能部分，例如生成发票或发送信函等功能。通用(子)域的功能可以通过外购或外包实现。

支持(子)域包含系统的支持和附属功能，可以交给经验较少的开发人员实现。但是，支持(子)域必须保证与核心域严格分离，例如可以采用防腐层的办法。

3.4.1.5 领域整合

如前文所述，每个子系统都应该构成一个独立的单元。在领域驱动设计中，有一个很重要的概念，即限界上下文，通过它可以帮助确定微服务适当的粒度。每个模型都有上下文，对于一个比较复杂的业务领域，其很可能包含了多个限界上下文。

在整合不同领域方面，可行的方案很多，包括以下几项。

- 发布语言：领域之间应当采用通用语言进行整合，例如 JSON 或 XML。
- 开放主机服务：这是典型的面向服务架构的交互形式。其方法是一个领域规定协议，其他领域遵循使用，例如 RESTful 网络服务。
- 防腐层：通过防腐层使用其他领域的服务。
- 隔离通道：两个领域彼此完全隔离，不进行整合。

3.4.2 模型驱动架构

模型驱动架构(Model-driven Architecture，MDA)是指从模型(如 UML)中生成全部(或部分的)应用程序。MDA 是由对象管理组织(Object Management Group，OMG)所定义的。

模型驱动软件开发(Model-driven Software Development，MDSD)方法通过转换模型[RH06]自动生成软件组件。MDSD 可使用模型和生成器来优化软件开发。

模型作为 MDA 的核心，通常采用领域特定语言(Domain-specific Language，DSL)来制定。DSL 可以用纯文字的形式，也可以采用图形形式。当然，DSL 并不是必需的，MDA、MDSD 以及其他很多类似的方法都可以不依靠 DSL。

创建一个可执行应用程序的方式有两种：①可执行模型可以直接通过虚拟机解析(例如对象管理组织的可执行 UML)；②通过一次或多次转换变成可执行应用程序。

按照 OMG 对 MDA 的定义，其只是 MDSD 方法的一个特例，与架构不存在任何关系。虽然模型驱动软件开发对于建模语言的选择是开放的，并且在转换成可执行应用程序方面也没有任何限制，但 MDA 在某些方面还有一些比较具体的要求。例如，所使用的

DSL需要符合MDA规范，即使用MOF（Meta-Object Facility，元对象机制）进行定义。使用元对象机制能形成元模型。在实际工作中，主要还是使用UML-Profile。

针对与平台无关的方面则使用平台无关模型（Platform-independent Model，PIM）进行建模。随后将PIM映射到一个或多个平台相关模型（Platform-specific Model，PSM）上。这样，PSM将关联具体的平台，从而生成代码。

MDSD方法本质上具备下列优势：

- 可提高开发效率；
- 可以更方便地整合业务专家；
- 软件修改更容易；
- 可优化软件架构实现；
- 业务逻辑可以比较容易地导入其他平台。

但是，模型驱动的软件开发在创建模型时需要构建由DSL、建模工具、生成器、平台等组成的基础设施和创建模型时所需的大量准则。而且规范制定的工作量较大，另外通常只有一部分模型能够自动转换成工件。

3.4.3 参考架构

3.4.3.1 系统构建块的生成创建

当需要周期性地以相同或相似的方式完成特定操作时，可以依靠生成技术将这些操作自动化[VA++09]。在很多情况下，不同的软件系统彼此之间除了个别细节外，整体差异并不明显，彼此具有共通的功能或技术特性。软件开发的首要目标之一，就是尽最大可能复用系统构建块。

基于模板的生成器是目前比较流行的一类软件生成手段。这里所说的模板主要是基于文本的模板。模板中的一些组成部分处理文字形式为主的输入数据。具体哪些场景下可以使用模板要取决于设计的模式。根据预定义的规则，模板可以基于生成器的输入进行修改。这方面比较成熟的方法包括Java Emitter Templates（JET）或XSLT变换语言，其中后者是可扩展样式表语言（Extensible Stylesheet Language，XSL）的组成部分之一，可以用来转换XML文档。

另外，还有一项生成技术采用基于API（Application Programming Interface，API）的生成器，可以（作为功能之一）用来生成PDF文档。这种情况下，此技术所生成文档的整体结构是通过应用程序接口来进行描述的。

MDSD就是软件开发领域中使用生成器工具的典范。

3.4.3.2 面向方面

一个程序可能包含在代码的不同位置多次出现的任务。如果在运行过程中需要对特定活动作出日志记录，则必须在活动前后添加特定的代码。如果设计程序需要在多个不同位置进行日志记录，则开发人员就要将相同的代码复制到不同的位置。另外，重复数据库访问、事务管理和身份认证等任务也与此相似。这种代码多次重复的情况是有悖于 DRY(Don't Repeat Yourself)理念的。通过面向方面编程技术,可以将此类任务进行封装,只需一次编程即可让任务在不同的地方执行。

面向方面编程可以针对(有时也称为系统级关注点)横切关注点贯彻关注点分离原则。横切关注点会影响整体系统或技术性约束限制因素,封装难度比较大。但通常其对于实际功能(例如日志记录)又不具有实际的必要性。

横切关注点的示例:

- 日志记录;
- 性能分析;
- 验证;
- 会话;
- 同步;
- 信息安全性;
- 错误处理;
- 事件驱动编程(如 PropertyChangeEvents);
- 软件测试。

比较成熟的面向方面编程的实现包括 AspectJ、JBoss AOP 和 AspectWerkz。

3.4.3.3 面向对象

在面向对象领域,我们将过程(Procedure)称为操作或方法。面向对象的核心思想就是将真实世界中存在的概念对应成为一个个对象,例如汽车。这个对象可以存储自己的数据(如类型、颜色等),也可以提供用来编辑、查询这些数据的操作方法。

面向对象的一个重要特性就是分类。还是以汽车举例,汽车两个字并不仅代表一辆车,而是代表着很多不同的车。因此,汽车这个类就可以视为一种抽象。在面向对象中可以将这个类作一次定义,然后允许其被反复实例化。

如果有大量的对象通过一个类实例化,则需要在运行时对其进行区分。鉴于此,每个对象都应该有其唯一且清晰的对象 ID,用于进行调用该对象的操作。

图 3-6 所示为汽车这个类的 UML 类图以及包含此类的两个实例化对象的对象图。

为了更准确地指定不同对象之间的交互情况,对象之间需要定义不同的关系,如关联、聚合、继承、接口以及抽象类。

依靠这些额外的抽象概念,面向对象的架构相比过程架构来说能够提供更好的模块化支持。一般来说,面向对象的架构实现 3.3.2 小节中介绍的各项原则相对容易一些,但这并不说明面向对象的架构就一定是优秀的架构。对于面向对象的架构,同样需要设计适当的面向对象模型,并正确应用相关的技术和方法。

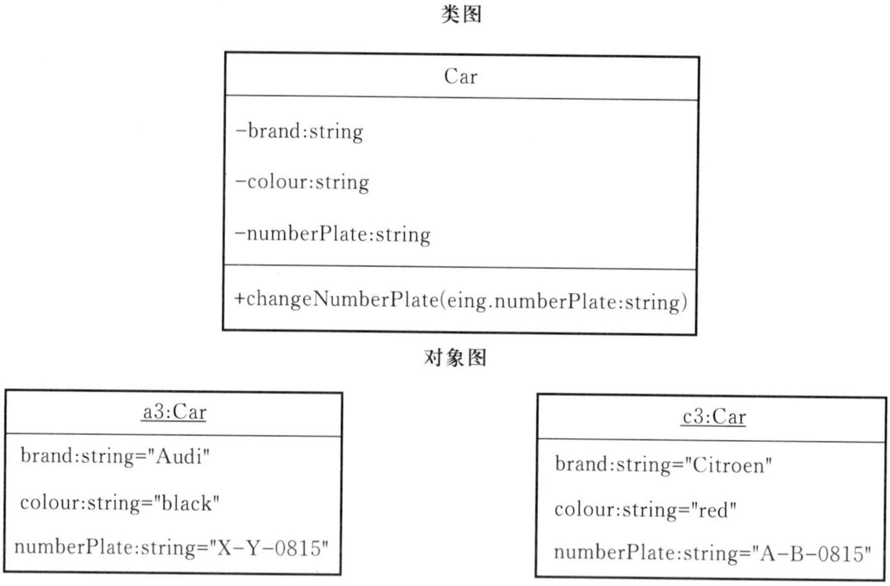

图 3-6 类图及其相关对象图示例

3.4.3.4 面向过程

采用过程进行架构构建是一种比较经典(现在也仍然流行)的方法。过程可以将复杂的算法分解成可复用的子算法,进而构成关注点分离原则的实现基础。

C、Cobol 等编程语言都是基于过程的,很多面向对象的系统(例如 Java 的静态方法)也支持过程的抽象化。

3.5 实现优秀设计的技巧

除了 3.3.2 小节中所介绍的各项设计原则,作为软件架构师,还需要知道一些实现优秀设计的实用技巧。软件架构设计工作中的重要难点之一,就是如何有效管理每个软件构建块之间的相互依赖关系。在很多情况下,依赖关系是无法避免的,有时其甚至是利大于弊的,例如,需要给另一个类发送消息,或需要调用另一个子系统内的某个特定方法的时候。

重要的问题是,架构师应当频繁地与其他各方探讨设计,不拘泥于特定的办法或方案,保持开放的态度。模型与现实不同,离不开与终端用户和客户的沟通协调。

3.5.1 初始情况和动机:设计退化

如果软件长期被频繁修改,则软件的结构可能会随着时间的推移逐步退化。这是一个很普遍的问题。在工作的开始阶段,架构师和设计师会打造出一个清晰、灵活的软件结构,这个结构在软件的初始版本中仍然能够看到。但在实际初步使用后,需求变更往往难以避免。这就意味着不得不对软件进行修改、扩展、维护。如果在这一过程中忽视了初始设计,软件的原始结构很快就会面目全非,变得难以理解。

设计退化往往会表现出下面三种基本症状(图 3-7)。

- 脆弱:对一处进行修改会导致其他位置出现不可预见的错误。
- 僵化:即便是最简单的修改也很困难,并且会影响到大量依赖组件。
- 复用性低:组件之间具有较多依赖关系,无法单独复用。

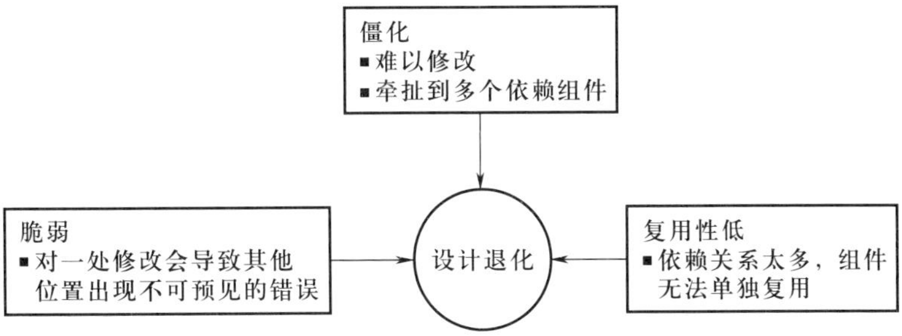

图 3-7 设计退化的症状

3.5.2 松耦合

如前文所介绍,各构建块与组件之间的关系是保证有效协作的基础,也是整体系统基础的一个组成部分。但是,这些关系就会造成组件之间产生相互依赖,进而可能引起问题。例如,对某个接口进行修改会造成所有使用这个接口的构建块都需要随之修改。

构建块之间的关系、关系的强弱,以及关系所导致的依赖性统称为耦合性。

衡量一个组件与其他组件之间耦合性强度的一个简单办法,就是确认二者之间存在多少种关系。除了量化进行度量之外,耦合本身的类型也很重要。下面是耦合类型的六项示例。

- 调用:如果某个类通过调用方法的形式使用了另一个类,则二者存在耦合关系。
- 生成:如果一个构建块生成另一个构建块,则二者之间存在另一种耦合关系。
- 数据:如果类之间通过全局数据结构或仅通过方法参数进行通信,则表示存在松散的耦合关系。
- 执行位置:如果构建块需要在同一运行环境或同一个虚拟机上运行,则表示存在通过硬件的耦合关系。
- 时间:如果调用构建块的时间顺序会产生影响,则表示存在时间上的耦合关系。
- 继承:在面向对象中,子类继承了父类属性,因此子类与父类耦合。耦合的程度取决于继承属性的数量。

松耦合的目的在于降低结构的复杂度。多个构建块之间的耦合越松散,则可以越方便地在无须审视大量其他构建块的情况下了解其中单个构建块的情况。另外,降低耦合也可以增加易修改性。如果耦合比较松散,则对单个构建块进行局部修改时,就不会影响到其他构建块。

松耦合的一个典型例子就是观察者模式(Observer Pattern),如图 3-8 所示。

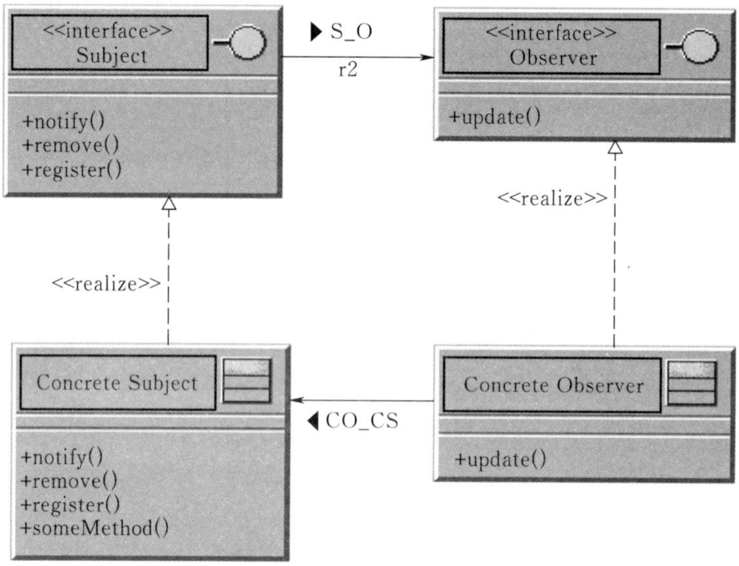

图 3-8　观察者模式示例

主题对观察者唯一的认知就是知道其实现了《接口》观察者(《Interface》Observer)。观察者和主题之间没有固定链路,观察者可以随时被注册或被移除。对主题或观察者作出修改不会彼此影响,二者可以独立复用。

3.5.3　高内聚

英语的 cohesion(内聚)一词源于拉丁语 cohaerere,意思是“形成关联”。

由于松散的耦合通常会使构建块的设计更具聚集性,所以,松耦合原则往往会促成实现高内聚原则。

一个内聚类能够解决一个单独的问题,同时还具有特定数量的高度内聚功能。内聚度越高,类在应用中的职责(责任)内聚性越强。

与耦合性一样,内聚度决定了系统构建块局部修改和了解的难易程度。如果系统构建块集合了对其进行了解及修改所需的全部属性,就可以在不涉及其他系统构建块的情况下,轻松对其进行修改。

同一个类型的类不应当全部分组在一个软件包中(如所有过滤器或所有实体),而应当按系统和子系统分别分组。内聚的包容纳了一个内聚功能复合体的所有类。

3.5.4 开闭原则

开闭原则是由伯特兰·迈耶(Bertrand Meyer)在1988年定义的,其指出软件构建块应对修改封闭,对扩展开放。在这一语境下,“封闭”是指模块的接口不会再改变,因此不存在使用风险。“开放”是指模块可以顺利被扩展。

简言之:

模块应该对扩展开放。

模块的原始功能可以通过扩展模块的形式进行调整,即扩展模块仅处理预期功能与原始功能之间的差异部分。

模块应该对修改封闭。

对模块进行扩展不需要对原模块进行修改。因此,应该给出用于连接扩展模块的明确扩展点。

对于这个明显的矛盾,解决办法的关键在于抽象化。依靠抽象的基本类可以创建出这样的软件模块出来,虽然它的实现不可改变,但它的行为可以通过多态和继承的方法自由改变。

下面是一个错误示例:

```
void draw(Form f) {
  if (f.type == circle) drawCircle(f);
    else if (f.type == square) drawSquare(f);
...
```

这个示例没有对扩展开放。对于这个示例,如果需要绘制其他形状(Form),则绘制方法的源代码就必须修改。正确的方法应当是将形状的绘制放到实际的形状类当中。

3.5.5 依赖倒置

依赖倒置原则是指不允许直接依赖关系,而是允许抽象之间的依赖。这一原则的最终作用是让构建块的替换更加容易。例如,类与类之间的直接依赖关系可以使用工厂方法(Factory Method)等方式进行解耦。应用依赖倒置原则的核心原因之一(当然不是唯一原因),就是这一原则下产生的架构形式可以大幅降低编写模拟(Mock)单元测试的难度,从而提高测试驱动开发(Test Driven Development,TDD)方法的可行性。

我们来看一个示例(图3-9):假定现在需要开发一个能够通过互联网读取天气预报,并以图形进行展示的Windows应用程序(图3-9)。按照上述的各项原则,需要将负责处理Windows API的功能改换位置,放入独立的库中。

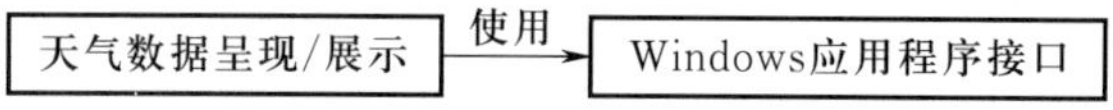

图 3-9　Windows 应用程序示例

现在，用于展示天气数据的模块依赖于 Windows API，但 API 并不独立于天气数据的显示。Windows API 可以同时被其他应用程序使用。但是，这个天气显示应用程序只能在 Windows 下运行，在 Mac 或 Linux 环境下则无法轻松运行。

这个问题可以依靠抽象操作系统模块来解决（遵循依赖倒置原则，见图 3-10）。该模块可以指定具体实现需要提供哪些功能。在这种情况下，操作系统的抽象并不依赖于具体的实现。完全可以继续添加其他的实现（例如 Solaris），而不会出现任何问题。

图 3-10　依赖倒置

3.5.6　接口分离

如果多次使用一个用途广泛的接口，则最好根据下列内容的不同，将其分解成以下多个特定用途的接口：

- 根据语义上下文分解；
- 根据职责（责任）领域细分。

这样的分解方式可减少对其有依赖的使用方的数量，进而减少潜在的后续修改需要。此外，体量更小、功能更专一的接口更易于实现和维护。

3.5.7　解决循环依赖

循环依赖会提高系统维护和修改的难度，并且会阻碍组件的独立复用。

令人无奈的一点是，有时候循环依赖是无法避免的。但是，对于如图 3-11 所示的示例，可以采取以下步骤。

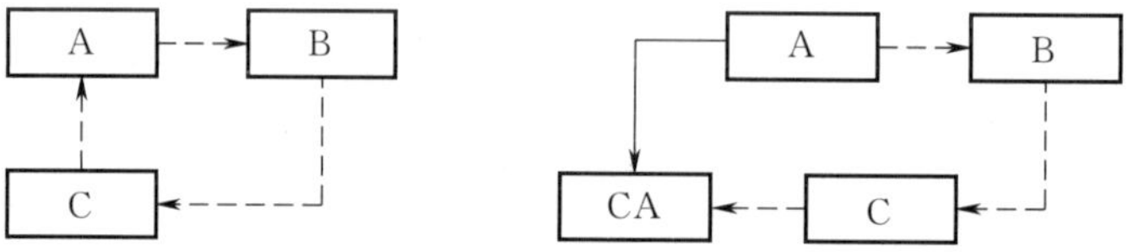

图 3-11　循环依赖

（1）以抽象 CA 的形式将由 C 使用的 A 的部分分离出来。

（2）通过由 A 到抽象 CA 的继承关系解决循环依赖。

3.5.8 里氏替换原则

里氏替换原则命名自芭芭拉·利斯科夫（Barbara Liskov），其最初的定义是：

已知对象 x 类型为 T，对象 y 类型为 S，类型 S 是类型 T 的子类型，若 q(x)作为对象 x 的属性为真，则 q(y)作为对象 y 的属性为真。

这一原则说明了基本类应当始终能够被其派生类（子类）所替换。这样一来，子类应该具有与父类完全相同的行为。

如果某个类不遵循这一原则，则很可能其在泛化/专门化方面错误地使用了继承。

很多编程语言允许对方法进行覆盖，这一点有可能会造成潜在问题。如果方法（Method）的签名（Signature）被修改，例如将可见性从公有（Public）变为私有（Private），或者方法突然不再抛出异常（Throws Exception），则可能导致意外行为，从而违反替换原则。

对于违反替换原则的一个初看不明显的典型例子，就是将正方形作为矩形的子类建模，从而正方形将继承矩形的全部属性和方法，如图 3-12 所示。

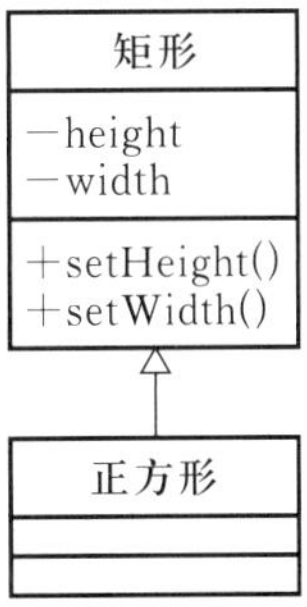

图 3-12 将正方形作为矩形的子类

首先，正方形只需要具备边长这个单一属性。但是，正方形也可以用两边边长进行定义，如此就要检查正方形的基本属性（即相等的各边边长）是否得到满足。于是，就需要修改方法 setHeight 和 setWidth，保证其将正方形的高度和宽度设为相同的值。

一开始这似乎不是问题。但是，如果需要使用正方形代替矩形，则会产生严重的问题，因为矩形不一定总是能被正方形代替。例如：有一张图片需要给定一个矩形边框。客户用 drawFrame 方法导入图片的高度和宽度，图片左上角的坐标，以及一个正方形（不是矩形）。此时，drawFrame 方法会调用矩形的 setHeight 和 setWidth 操作，结果就会导致绘制出边长等于图片宽度的矩形。因为 setWidth 方法会将正方形的宽度和高度设为相同的值。

3.6 架构模式

模式是软件设计和开发过程中的一项重要工具。模式存在于软件开发的很多领域，例如设计模式、架构模式、分析模式、软件企业组织模式和教学模式等。

架构模式可以按照弗兰克·布什曼（Frank Buschmann）提出的四类系统进行分类。其核心理念是将模式所要解决的问题作为分类的基准。

3.6.1 适应性系统

这一类别下的模式可支持应用程序的扩展，以及应用程序对新兴技术和不断变化的功能需求的适应和调整。

本小节详细介绍依赖注入。

在面向对象的设计中使用接口时，经常会出现运行时为抽象接口创建具体实例的以下问题。

（1）由谁负责管理所用实例的生命周期？

（2）由谁决定最后在运行时实例化哪个特定的类？

依赖注入模式，针对这一目的提供了一个独立的构建块，即汇编器（Assembler）。

汇编器可以在运行时确定如何解决以上所列问题。它可以将对具体实例的引用传递给依赖对象。因此它可以被视作一种“通用工厂”。

首先，汇编器会检查 ServiceUser 所需的依赖（Service），然后会通过元信息生成或确定一个提供所需服务的实现 ServiceImplementation。最后，其会将此服务的实现“注入”ServiceUser 中，进而解耦类与其依赖（图 3-13）。

比较成熟的依赖注入的 Java 实现有：

- JEE 6：上下文与依赖注入（JSR-299）；
- Spring 框架。

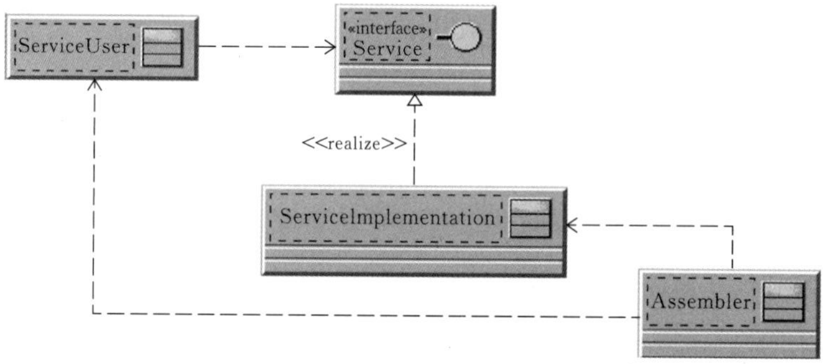

图 3-13 依赖注入

3.6.2 交互式系统

交互式系统模式可支持交互式软件系统的构建。

3.6.2.1 模型-视图-控制器模式

移植应用程序到不同平台时，不必对整体应用程序进行重构。这方面的目标是通过简单的更改或扩展，以及各个组件的复用来实现移植。

软件的用户界面会频繁地发生变化。针对所需框架的复杂性，同样的信息会以不同的方式通过不同的窗口呈现。不同的用户群体需要不同的布局或格式。要在保持模型各视图一致性与过多次更新造成的性能问题之间实现平衡是一件很困难的事。

要解决这一问题，可以将用户界面划分成三个职责范围，如图 3-14 所示。其中，模型用于封装一般情况下比较稳定的业务逻辑及其数据。视图组件提供模型视图。控制器负责处理用户事件，执行相应的业务逻辑，并触发视图组件的更新。

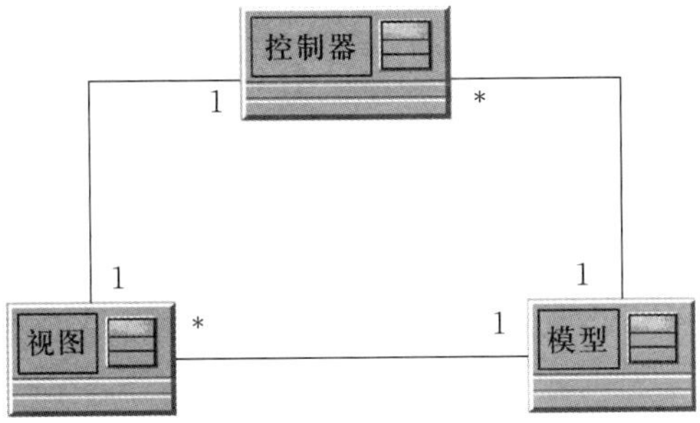

图 3-14 模型-视图-控制器

模型-视图-控制器(Model-View-Controller，MVC)模式的一个典型示例就是一方面可以提供详细表格视图，另一方面可以为同一数据模型提供直观、易懂图表概览的电子表格程序。

3.6.2.2 模型-视图-演示器模式

模型-视图-演示器(Model-View-Presenter，MVP)这一架构模式主要用于具有以用户界面为中心的应用程序的交互式软件系统，如图 3-15 所示。其以 MVC 模式为基础，致力于严格分离用户界面与业务逻辑(视图与模型分离)。这一模式的原则是将应用程序分为以下三个组成部分。

- 模型包含业务逻辑以及视图所需的全部数据。这一部分由演示器单独控制，不了解视图和演示器的任何信息。
- 视图呈现的是表示层(Presentation Layer)，其设计极为简单。其中不包含任何控制逻辑，仅仅负责呈现以及接受用户输入。

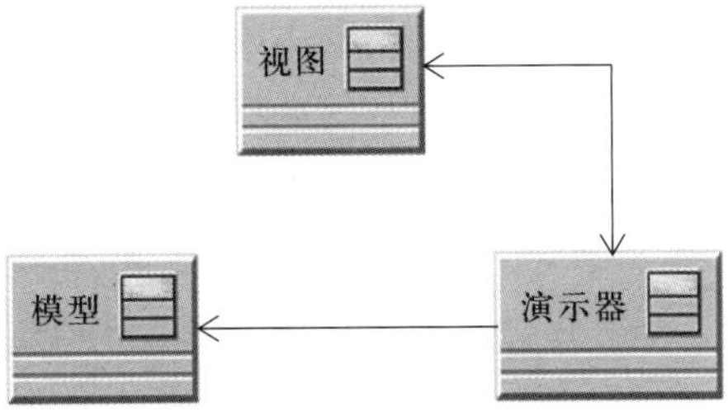

图 3-15 模型-视图-演示器

- 演示器(Presenter)的作用是连接视图与模型，并控制两层之间的逻辑流程。它汇集了应用程序的所有用例，接受来自视图的用户输入，调用模型中的方法并将数据放入视图中。

由于表示层构造简单，所以视图可以由其他视图代替。这样一来，就可以通过对系统进行更改使其能够用于其他平台，并且相比起模型-视图-控制器模式，更容易进行测试。自马丁·福勒(Martin Fowler)在 2004 年确立这一模式后，MVP 模式就被广泛用于富客户端的开发。

相比 MVC 模式，MVP 模式中的视图与模型之间的交互通过演示器严格进行控制，因此视图与模型二者不发生任何关系。这样一来,会使得两种模式下三个组成部分之间的职责分布略有不同。例如,在 MVP 模式中模型会通过接口提供给演示器。相比之下,由于 MVC 模式没有接口,所以模型与控制器之间的耦合更强。使用 MVC 模式时,视图了解模型的信息能够进行数据同步。而对于被动的 MVP 模式视图,演示器会接管数据绑定,视图不了解模型的信息。此外,MVC 模式中视图因为没有接口,所以替换比较困难。

3.6.2.3 表示-抽象-控制模式

应用程序的功能增加会导致用户界面复杂度随之提高。复杂的用户界面会造成不同功能区域相互混杂,进而降低维护性。此外,还会导致过于简单的系统分解形式,例如在 MVC 模式中,当所有用户事件都由单个控制器处理时,有时会造成响应时间无法达到满意水平。

通过这一模式(图 3-16),可以将用户界面的结构分解成多个分层协作的“代理”。基本功能由中间层使用并由中间层负责向用户界面的各个最底层元素提供各项功能。每个代理都由控制器、抽象和视图构成。其中,控制器是代理面向分层结构中更高一层及更低一层代理的接口,同时控制器还负责控制自身代理的职责(责任)领域。抽象的作用是将整体模型中的各个部分调整成仅包含局部视图所需元素的局部模型。这种严格分层的分离方式运行在用户界面中进行并行处理,尤其是在整体模型只有部分可用的情况下。

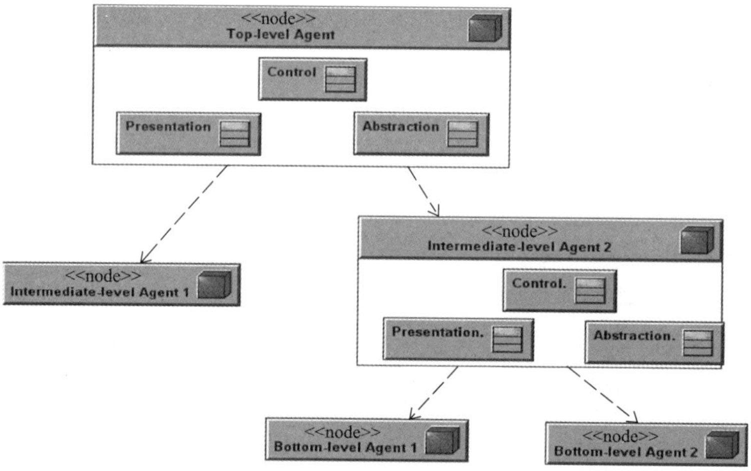

图 3-16 表示-抽象-控制模式

Eclipse IDE 就是一个很好的例子。其工作台提供了菜单栏、工具栏、工作区和状态栏。各透视图提供了仅限于其主题区域的域的嵌入式控件。其中包括边距视图和编辑器窗口区域,这些区域后续会填充使用自有菜单项的特定内容编辑器和视图。

3.6.3 从混沌到结构化

这一类别中的各个模式可用于避免组件和对象形成混乱。尤其重要的一点是这些模式可支持将高层级的系统任务分解成协作的子任务。

3.6.3.1 分层架构模式

此模式可协助构造大型应用程序。其主要应用于开发以混合多种彼此相关的复杂服务为主要特征的复杂系统,如图 3-17 所示。

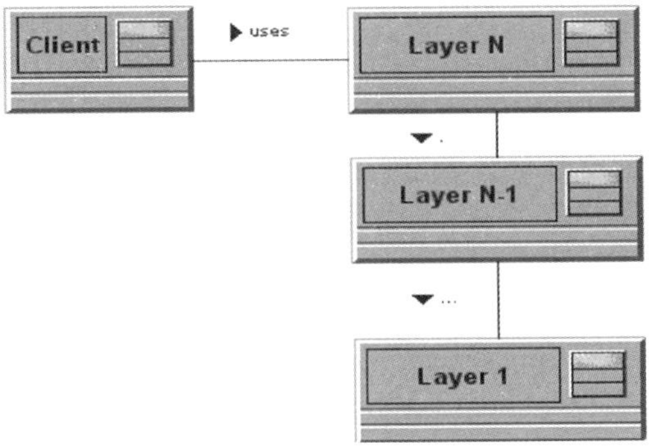

图 3-17 分层架构模式

相关的高层级和低层级操作会构成存在相互访问的功能,同时可以被细分为相同抽象程度的多个层次。为了实现易复用性和/或可移植性,细分所形成的层应当是封闭的,以保证后续更改只会影响该层,不会渗透到整个系统。

问题的解决关键在于将系统堆叠成横向的多个层来分别封装同一抽象程度上的所有操作。下方层的数量越多,则抽象程度越高。信息交换通过被称为服务的接口来实现。较高的层使用其下方层提供的服务。不允许跨多个层的通信。这种分离方式可以让每个层专注于某个特定方面,例如数据存储或用户交互。

这个简单的概念有助于减少组件之间可能存在的依赖关系,并提高易复用性。但是,如果某个层只是简单地将信息传递给下一层以提供特定服务,则也可能导致额外消耗。此外,添加数据字段等修改操作会对所有层造成垂直影响。

对于性能问题,可以通过跳过特定的层来解决,但是这样会再次产生额外的依赖关系。

3.6.3.2 管道和过滤器架构模式

管道和过滤器架构模式(图 3-18)以一系列通过数据通道(管道)彼此相连的处理单元(过滤器)作为基础。其中每个过滤器会将其结果直接转发给下一个过滤器。管道的作用是将中间结果从一个过滤器传输到下一个过滤器,其中涉及多种方式的解耦:

- 按时间(直接的或有延时的);
- 传输机制/格式;
- 动态确定目标过滤器:并行、负载分担、可选过滤器。

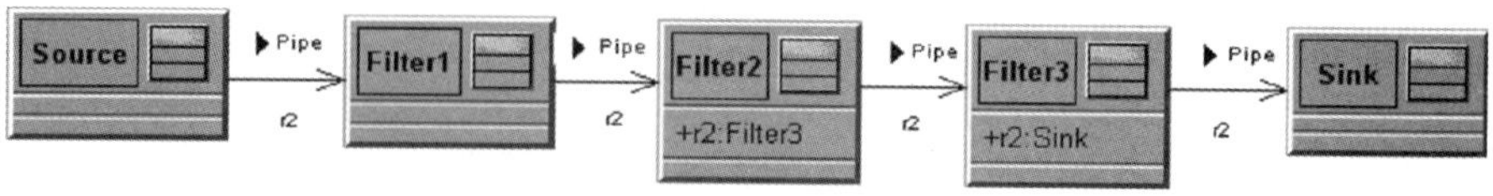

图 3-18　管道与过滤器架构模式

过滤器之间不知道彼此的存在，并且可以通过管道组合成任意的序列，从而极大地提高了各个管道和过滤器的易复用性。但其缺点是处理过程中发生的错误状态很难处理。

这一架构模式的典型使用示例包括以下两种。

(1) 分步处理数据，并在每个处理步骤结束后转发处理结果的编译器。其典型的处理步骤包括词法分析、解析以及代码生成。

(2) 包含过滤器的数字信号处理过程：图像捕捉、色彩校正、图像效果和压缩，这些过滤器相互传递数字、图像数据。

3.6.3.3　黑板模式

通过多个专门的子系统各自提供知识用于创建可能不完整或近似的解决方案。

图 3-19 所示为黑板(Blackboard)模式的 UML 图。黑板模式包括下列元素。

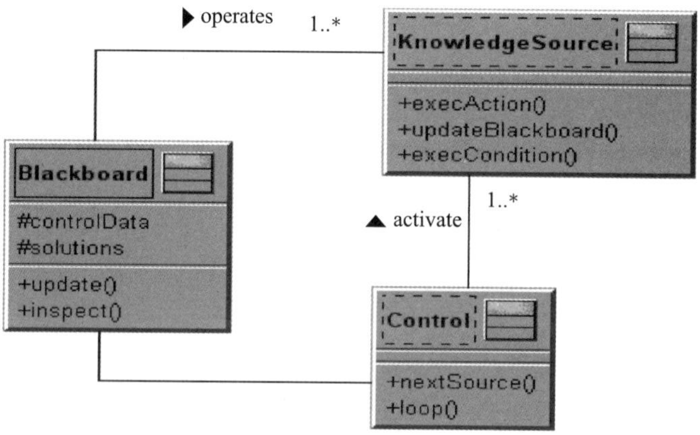

图 3-19　黑板模式

(1) 一个或多个独立的 KnowledgeSources(知识源)，每个 KnowledgeSource 从特定的角度分析问题，并将拟定的解决方案发送给 Blackboard。

(2) Blackboard 位于中央位置，负责管理各 KnowledgeSources 的解决方案或解决方案的组成部分。

(3) 用于监控 Blackboard，以及在必要情况下控制 KnowledgeSources 执行的控制组件。

黑板模式的使用示例包括用于图像处理、图像识别、声音识别以及系统监控的软件系统。

3.6.4 分布式系统

这一类别下的模式会给出明确、可行的任务分布形式以及子系统之间彼此通信的方法。

3.6.4.1 Broker

软件行业的发展催生了很多新的应用需求。例如，软件必须能够基于分布式系统运行，同时又不能受到分布式系统持续结构变化的影响。

应用程序需要访问的资源可能是任意分布的，因此需要保证各个软件组件能够访问这些分布的资源。面对这种情况，问题的关键就在于透明度。对于单个组件，其唯一的关键点就是所用服务的可用性，服务在系统中的实际提供位置并不重要。还有一个额外因素，就是系统会受到连续变动的影响。这就意味着参与某项进程的组件很可能在运行时发生改变。

因此，应用程序必须采用适当的措施对此作出补偿。务必避免让应用程序的使用者被迫(或被允许)参与架构细节。

在分布式应用程序的架构模型中，会引入一个 Broker(经纪人)组件，如图 3-20 所示。这个组件起到服务器与客户端之间通信交换中心的作用。Broker 组件是所有通信的中心点，每个服务器都需要通过 Broker 组件独立进行注册。对于所有由服务器提供的服务，都需要在各自的服务器上实现对应的服务接口，而这些接口都进行通信，将消息传达给 Broker 组件。当客户端需要访问特定的服务时，就会向 Broker 组件发送请求。随后，Broker 组件会定位提供该项服务的可用服务器，并将客户端的请求转发给该服务器。在请求处理完毕后，服务器会将响应发回给 Broker，由 Broker 将响应转发给正确的客户端。

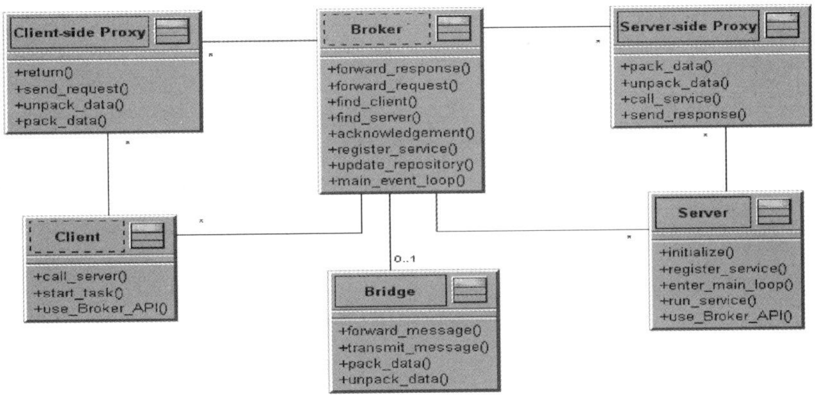

图 3-20 Broker 组件

3.6.4.2 面向服务

面向服务的架构(Service-Oriented Architecture，SOA)能够将软件各构建块的技术功能接口呈现为分布式、可复用、松耦合和标准化的可访问服务，如图 3-21 所示。

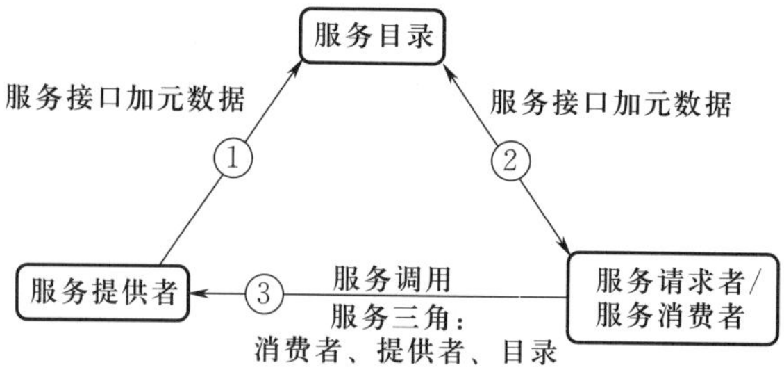

图 3-21　面向服务的架构

SOA 会定义以下三种职能角色。

(1) 服务提供者(Service Provider)负责提供服务并在目录服务中注册这些服务。

(2) 服务目录(Service Directory)负责发布服务提供者所注册的服务。

(3) 服务消费者(Service Consumer)负责在目录中检索特定服务，并通过目录服务所提供的引用对检索到的特定服务进行调用以响应查询。

这样就可以建立一个到对应服务提供者的链接，并可以使用该服务。

一般来说，服务提供低粒度的接口。低粒度是指服务仅需很少的调用就能够实现复杂的功能。

在理想情况下，这些服务是无状态、对事务自包含且幂等的，即不论使用相同的输入数据调用服务多少次，其结果总是相同的。

服务由一个服务接口(具备契约性质，用于将服务消费者连接到服务提供者)和服务实现构成。服务实现不参与组成契约，只要遵守接口承诺即可替换。

服务与位置无关，只要服务消费者和应用程序具备适当的访问权限("位置透明性")即可随时在任意位置激活。

3.6.4.3　模块化

模块化是指按照合理的程度将软件系统分解成为多个子系统和组件，并对这些子系统和组件进行适当的排列。模块化的核心任务是将整体系统细分成不同的组件，以便使用这些组件来映射应用程序的逻辑结构。模块化的根本目的是通过定义明确的边界以及完善的相关文档来降低系统的复杂度。

在系统中，如果将多个不同的任务进行合并，则会提高系统对错误的敏感性(容易出错)。对与所执行任务不存在逻辑关联的区块中发生的意外，其副作用很难追溯及纠正。

可以创建各个模块来作为功能和不同职责领域的容器。系统耦合可以通过描述不同模块之间关系的明确定义的接口来进行。对于模块的创建，功能适当性、完整性和简洁性是一定程度上相互冲突的三项目标。

相比分层结构，模块化可以实现创建独立的垂直系统以及分离的任务区块。

3.6.4.4　微服务

微服务是用于分布式系统创建和集成的一个重要架构模式。这一模式的主要方法是将大型的系统构建成较小的功能单元。其中，每项微服务应代表一个不同的功能单元。各项微服务可以广泛解耦并独立运行。相比彼此间应尽可能不通信的自含式系统，各项微服务之间可以同步及异步通信。各项微服务需要单独开发，并彼此独立地投入生产。

3.7　设计模式

除架构模式外，设计模式同样也是软件架构中的重要一环。一般来说，架构模式和设计模式都会提出结构和技术解决方案。区别在于，架构模式通常用于协助进行组件的分解和组合，而设计模式更有助于功能的实现。但二者之间的界限是很模糊的。

目前知名度最高的一批设计模式是由“四人组”（Gramma、Helm、Johnson 及 Vlissides，简称 GoF，Gang of Four）总结的，这些模式被称为四人组设计模式。其中，适配器模式（Adapter）作为四人组模式中的一种，能在两个类因为接口不兼容而无法相互通信的情况下协助进行转译。

代理模式（Proxy）是一种结构模式，也称为委托模式。该模式通过提供一致的接口以及对实际对象的引用来实现对实际对象的访问控制。

外观模式（Facade）可作为面向子系统的简化接口。子系统中通常会包含很多外界不使用，甚至应该保持隐藏状态的技术类和方法。这种情况可以适用外观模式。

3.7.1　适配器模式（Adapter）

如果需要使用一个已有的模块，但模块的接口与所需的接口不兼容，此情况下就可以使用适配器模式。

适配器（Adapter），也称为包装器（Wrapper），来自英文的“to adapt”，即适应或融入，可对接口进行适配，如图 3-22 所示。

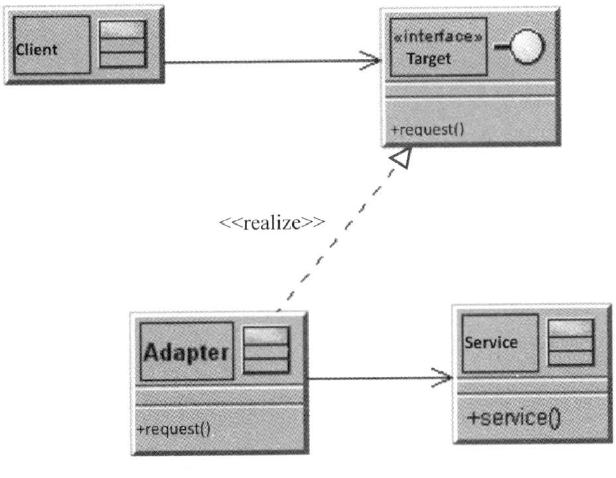

图 3-22　适配器模式

3.7.2 观察者模式(Observer)

如果需要某个组件能够在不清楚其他组件情况,或不知道需要修改多少组件的情况下给其他组件发送通知,则可以使用观察者模式。

观察者可以在主体不知道观察者存在的情况下,对主体发生的状态变化作出反应。

如图 3-23 所示,主体对观察者唯一的认知就是观察者会实现观察者接口。观察者和主体之间没有固定连接。观察者可以随时注册和移除。对主体或观察者作出改动不会彼此影响,二者可以独立复用。

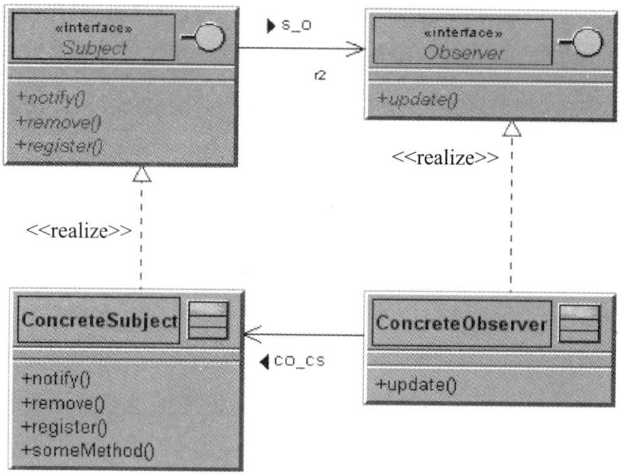

图 3-23 观察者模式

3.7.3 装饰器模式(Decorator)

装饰器可以动态、透明地向组件添加新功能,同时无须对组件本身进行扩展。

装饰器的实例需要放置在待装饰类之前,且需要具有与待装饰类相同的接口。在此情况下,所有调用将被装饰器转发或处理,调用者不知道插入了装饰器。通过一个或多个特定的装饰器可以定义并实现各种不同的特殊装饰(图 3-24)。

3.7.4 代理模式(Proxy)

在很多情况下,客户端需要访问某个特定类实例的各项操作。但是,直接访问类的操作可能无法实现,或很难实现,又或是不太妥当,例如直接访问可能不安全、效率不够高,或者当前工作环境是分布式环境。在此情况下,物理网络地址(用于直接访问分布式对象)就不应硬编码在客户端代码中。但是没有这个地址就无法通过网络进行直接访问。

面对这种情况,代理模式就能发挥出优势。依靠代理模式,客户端就无须与目标类进行通信,而是与代理进行通信。代理会提供与待调用类的实例相同的接口,并在内部将调用转发给该类的实例,如图 3-25 所示。

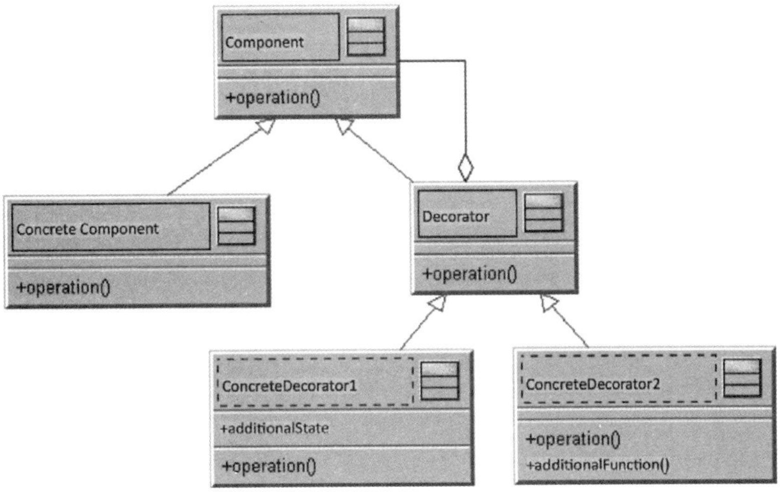

图 3-24　装饰器模式

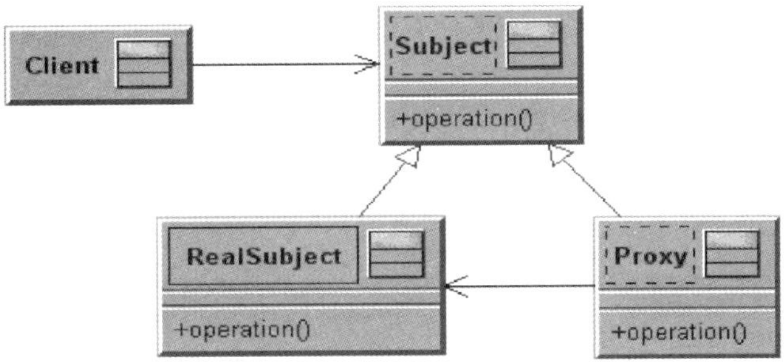

图 3-25　代理模式

- 客户端代表通过代理访问真实主题的对象。
- 代理向外界提供与真实主题相同的接口。
- 主题定义代理和真实主题的共同接口,并允许使用代理代替真实主题。
- 真实主题是由代理所表示的对象。

3.7.5　外观模式(Facade)

外观模式是另一种能降低系统组件之间依赖关系的方法,如图 3-26 所示。

依靠外观模式,可以让子系统的内部组件对外界不可见。外观代表了复杂子系统的简化接口。

举例来说,如果子系统中包含了大量外界极少或完全不会使用的面向技术的类,则此模式将非常有用。

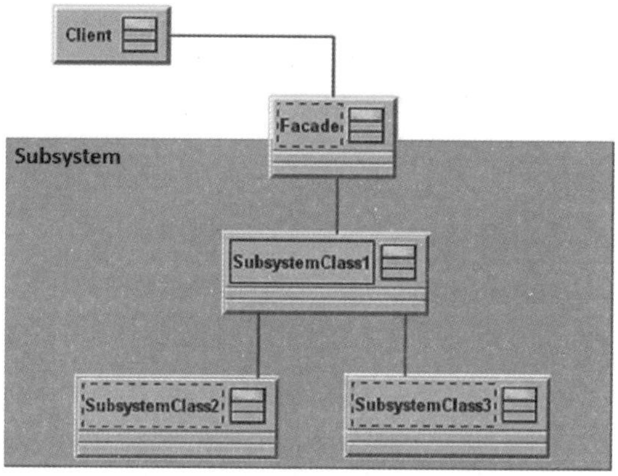

图 3-26　外观模式

3.7.6　桥接模式(Bridge)

软件开发领域的桥接是设计模式的一种,属于结构模式类别,如图 3-27 所示。

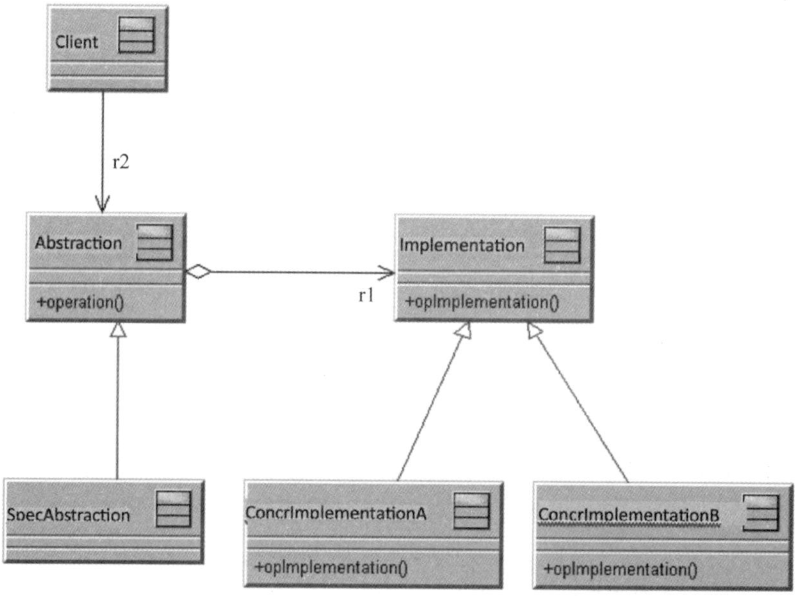

图 3-27　桥接模式

这一模式的作用是将实现从其抽象(接口)中分离,使得实现和抽象能够彼此独立进行修改。

通常情况下,实现是通过抽象的继承来达成的。但是这样会导致出现同时包含实现和其他抽象类的继承层次结构。这样一来就会增加继承层次结构的复杂性,使其变得难以维护。

如果将抽象类和实现分别使用两个不同的层次结构进行管理，则不仅能提高清晰度，还可以让应用程序独立于实现。

3.7.7　状态模式(State)

此模式的作用在于对一个对象的依赖于状态的不同行为进行封装，如图 3-28 所示。一个对象的行为通常依赖于其状态。以一般方式实现大规模 switch 语句的情况应当尽量避免，正确方式是通过单独的类逐个实现 switch 语句中的每一种情况。这样一来，对象的状态就可以再次变成对象。

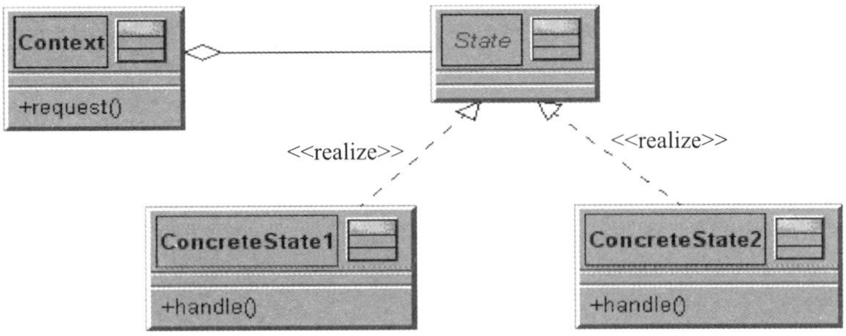

图 3-28　状态模式

3.7.8　中介者模式(Mediator)

中介者本身是一个仲裁器，负责控制对象间的协作行为。对象之间不直接彼此协作，而是通过中介者进行，如图 3-29 所示。

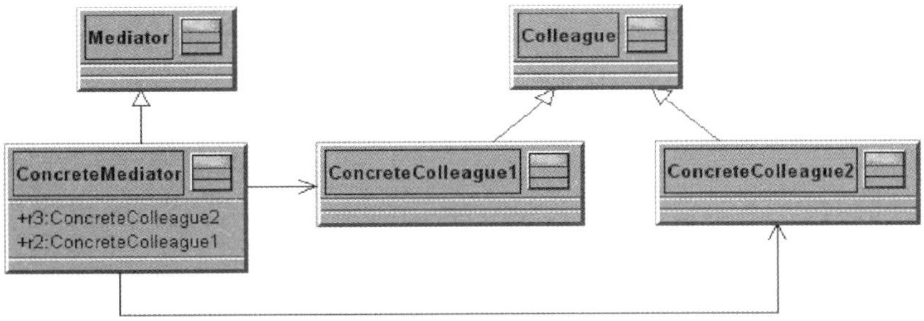

图 3-29　中介者模式

在此模式下，将参与交互的各个组件称为同事。这些同事需要向中介者注册成为交互协作对象，并了解其所注册的中介者的情况。

一个中介者会封装一系列特定组件之间的复杂交互。

组件之间的通信控制仅会在单一位置执行，从而可提高易理解性并简化维护工作。

3.8 知识测试

下面是从 iSAQB®课程大纲[isaqb-curriculum]“软件架构设计”一节中摘录的部分详细内容，可以帮助读者巩固已学知识。

学习目标 3-1：选择并遵循适合的架构开发方案和启发式方法。

- 架构开发的基本过程。
- 基于模型和视图的架构开发。
- 基于模型和领域驱动设计。
- 迭代及递增式设计。
- 自上而下和自下而上设计。
- 影响因素和约束因素给架构设计带来的影响（全局分析）。

学习目标 3-2：设计软件架构。

- 基于已知的功能性需求和非功能性需求对非安全关键且非业务关键软件系统进行架构设计和配套文档编制。
- 识别并明确解释不同架构决策之间的相互依赖关系。
- 作出系统分解及构建块结构相关的结构决策，并定义各个构建块之间的依赖关系和接口。
- 能够明确解释“黑盒”和“白盒”的概念并将其应用于具体目标。
- 运用构建块的逐步细化（分层分解）和精确化方法。
- 设计各个架构视图——尤其是部署、构建块以及运行时视图——以及其对相关源代码的影响。
- 确立架构对源代码的映射，以及评估相关影响。
- 对架构中的功能和技术元素以分离的方式进行说明并正确运用。
- 设计并说明功能结构。
- 理解非功能性需求对架构和设计决策的重要影响（方便修改、稳健性、高效率等），并将其纳入架构和设计决策的考虑范畴。

学习目标 3-3：指出并考量影响软件架构的各项因素。

- 确定并考虑各项约束限制因素和影响因素给设计自由度带来的影响。
- 了解并考虑质量需求和技术决策及技术理念给架构带来的影响。
- 了解并考虑组织结构（可能）给构建块结构带来的影响。

学习目标 3-4：确定并执行各项横切方案的设计。

- 对跨领域的技术理念作出决策并在必要的情况下付诸实施。
- 指出并评估这些（技术）决策可能的相互依赖关系。

学习目标 3-5：说明、解释并合理使用重要的架构模式。

- 数据流及以数据为中心的架构风格。

- 分层架构风格。
- 交互式系统的架构风格。
- 异构架构风格。
- 异步或分布式系统的架构风格。
- 其他架构模式和风格。
- 架构模式的重要来源。

学习目标 3-6:说明并使用各项设计原则。

- 信息隐藏。
- 耦合与内聚。
- 关注点分离。
- 开/闭原则。
- 通过接口进行依赖注入。
- 通过依赖注入将依赖关系外在化。
- 模型中的依赖关系和编程语言源代码中的依赖关系二者之间的相互关系。

学习目标 3-7:规划不同构建块之间的依赖关系。

- 理解构建块之间的依赖关系和耦合情况,并将其应用于具体目标。
- 能够列出不同的耦合类型(结构性耦合、时序耦合、通过数据类型耦合、通过硬件耦合等)。
- 认识耦合的影响。
- 了解去除或降低耦合的方式。
- 对(面向对象的)编程语言实现联系。

学习目标 3-8:使用合适的方法和技术确保质量需求的实现。

- 认识构建块和结构元素的理想属性(封装、信息隐藏、有限访问)。
- 黑盒及白盒构建块。
- 构建块组合的类型(嵌套、使用/委派、继承)。
- 不同构建块及其组合的 UML 注释。
- 使用软件包作为一种语义上较弱的构建块聚合形式。
- 使用具有稳固定义接口的组件作为语义上较精确的聚合形式。

学习目标 3-9:设计及定义接口。

- 清楚接口的重要性,并能够对各架构构建块之间的接口进行设计和定义。
- 清楚接口的理想属性。
- 定义接口,尤其是外部接口。
- 对接口进行描述及文档编写。

4 软件架构说明与沟通协调

第 2 章中介绍了很多的基本软件架构概念以及软件架构师的核心工作任务。其中最重要的一项任务就是对软件架构进行描述（编写文档），并面向利益相关方进行沟通协调。软件架构师主要需通过口头沟通的方式了解有哪些内容需要书面记录到文档中，换句话说，书面说明、文档记录和口头沟通相辅相成。

本章概括性地介绍按照 iSAQB®课程大纲面向利益相关方进行软件架构说明、文档编制所需的各项工具。

本章包括下列主题：iSAQB®所定义的软件架构视图，基于模板拥有统一结构的架构文档编写，iSAQB®视图的内容和描述性元素，软件架构中的横切关注问题，用于软件架构说明的常见文档类型，文档的使用规则以及所选架构框架的简要概述。

本章介绍的软件架构主要对第 2 章中定义的功能（A 架构）和技术（T 架构）层进行说明。在接下来的几节中，“架构”一词代指软件架构。

有关本主题及其他相关主题的详细信息可见[Clem03]、[Sta11]、[RH06]和[DE++09]。

4.1 对应 iSAQB®课程大纲

下面是摘自 iSAQB®课程大纲[isaqb-curriculum]中“软件架构文档编写与沟通协调”一节的部分内容。

4.1.1 学习目标

- 学习目标 4-1：解释并考虑技术文档相关的质量属性。
- 学习目标 4-2：对软件架构进行描述及沟通协调。
- 学习目标 4-3：理解如何解释并应用用于描述软件架构的注释/建模工具。
- 学习目标 4-4：说明并运用各种架构视图。
- 学习目标 4-5：说明并运用系统上下文。
- 学习目标 4-6：对横切架构关注点进行文档编写及沟通协调。
- 学习目标 4-7：对接口进行描述。
- 学习目标 4-8：对架构决策进行解释并进行文档编写。
- 学习目标 4-9：理解如何使用文档作为书面的沟通协调工具。
- 学习目标 4-10：了解其他用于文档编写的辅助工具。

4.2　CoCoME示例

本章以CoCoME(Common Component Modeling Example,通用组件建模示例,另请见[CoCoME]、[RR++08])应用程序作为主要示例。CoCoME的作用是为基于组件的架构方案提供参照基准。

(1) CoCoME提供了可公开访问的应用程序实现,其中包括一套信息系统和一套嵌入式系统。其实现尽可能采用当前流行的架构方案(例如分层及总线架构),同时规模较小,方便完整理解。

(2) CoCoME提供了基于UML的CoCoME架构说明。定义的各个视图同时也用于架构说明。在[RR++08]中,15个以上不同的工作组对CoCoME应用程序进行了描述说明,每个组都使用了独有的架构方法,为比较不同的架构方法提供了良好的基础。

CoCoME非常适合展示接下来几节中要介绍的各项理念和方法。

4.2.1　CoCoME系统中的用例

CoCoME是一套用于连锁超市的应用程序系统。其主要任务是提供超市结账通道的各项核心功能(图4-1)。这些核心功能包括结账通道的实际销售(用例UC 1:ProcessSale)以及结账通道的自动化(重新)配置。如果在过去60 min内,某个结账通道的所有销售结账里超过50%的单子中,商品数量少于8件,且顾客使用了现金支付,则收银台会将自己重新配置成为快速结账通道(UC 2:ManageExpressCheckout)。如此一来,只有购买商品数量少于8件,且使用现金支付的顾客才可以使用该结账通道。

CoCoME的另一项主要任务包括了库存商品管理的相关用例,例如价格管理(UC 7:ChangePrice)。UC 5:ShowStockReports提供了超市库存商品情况的概览。UC 3:OrderProducts可实现商品订购,另外UC 4:ReceiveOrderedProducts用于将送抵的商品接收到超市库房。

由于是连锁超市,还涉及公司层面的操作用例(即超出单个超市的边界)。例如UC 8:ProductExchangeAmongStores负责在某家超市的某项商品即将售完且该项商品在其他超市还有充足库存的情况下,提供库存调货建议。UC 6:ShowDeliveryReports可以提供不同供货商供货的时间相关信息。

4.2.2　CoCoME系统的结构概览

如图4-2所示,CoCoME系统采用了三层分层结构:结账通道、超市和连锁超市。结账通道连接了一系列由其控制的外部硬件组件(打印机、读卡器、收银机、条形码扫描器、快速通道指示灯)。同时,结账通道还有面向刷卡支付银行服务提供商的接口。

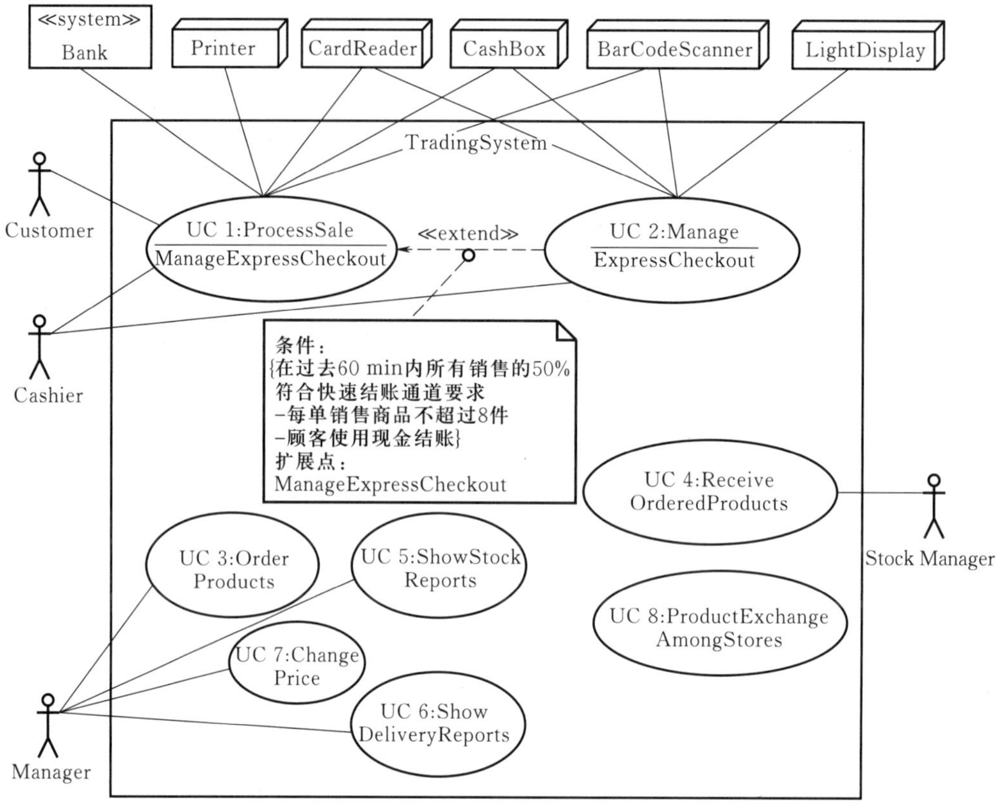

图 4-1　CoCoME 系统的核心用例

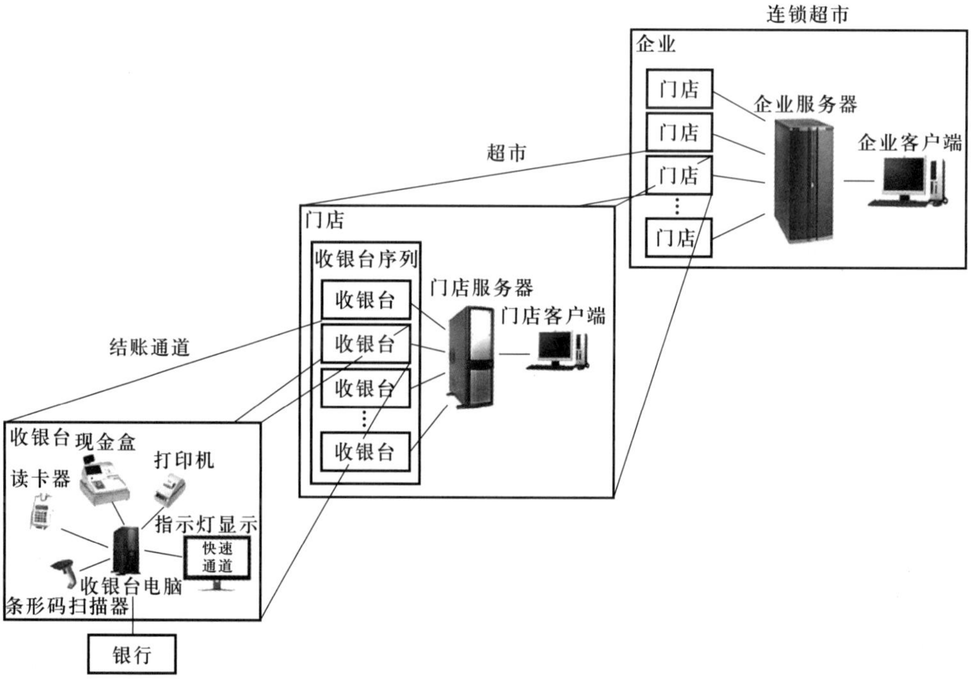

图 4-2　CoCoME 系统结构概览

所有结账通道都与负责超市商品管理的中央服务器相连接。但是，如果结账通道与超市服务器之间的连接断开，结账通道也不能停止服务。因此，结账通道的设计需要保证能够在必要情况下自主运行。这就意味着结账通道必须自行管理一份本地的产品和价格数据拷贝。此外，所有结账通道还需要临时存储已售出商品的相关数据，并在预设的时间点将自身与服务器进行同步。

这一点自然同样适用于与连锁超市中央服务器之间的连接。中央服务器需要监控每家门店的商品接收和销售情况，从公司层面控制物流并管理供应商。但如果与公司服务器的连接断开，各家门店必须能够独立自主运行。

4.3 视图与模板

正如第 2 章所介绍的，在软件架构说明的背景下会频繁出现“架构视图”一词。架构视图是系统从特定视角出发的表示。该视图能够突出被审视对象的重要特征，创建出将该特定视角下不重要细节模糊处理的高层级抽象。在这里就如何有效描述架构视图给出概括性的介绍和初步的指导。

本章要介绍的各个视图（上下文视图、构建块视图等）已经在第 2 章有过介绍。这里将它们统称为视图。另外，需要熟悉 UML 和 ER（Entity Relationship）等概念及其缩写。

4.3.1 iSAQB®定义的既定常用视图

软件架构的很多相关文献中给出了一系列不同的软件架构描述方法，其中很多都采用了视图这一概念。

在 iSAQB®课程大纲框架内给出了四个关键视图。这四个视图都是成熟且具有特别实用意义的视图类型。这些视图都是基于使用[ARC42]中的模板所创建的，而该模板则衍生于软件架构的“4＋1”模型[Kru95]。这四个视图及其之间的交互关系如图 4-3 所示。这四个视图如下。

1. 上下文视图（或上下文关系图）

是一种（最好）采用 UML 组件表示的视图，其中，所设计系统表示为黑盒，所有外部

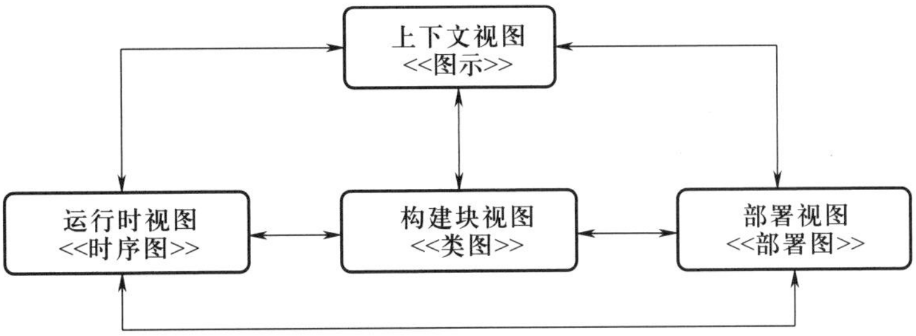

图 4-3 iSAQB®定义的成熟视图类型

系统和使用者表示为参与者(Actors)或UML组件。分布或部署上下文使用UML节点符号相应注释。

2. 构建块视图

使用描述软件系统各功能及(或有)技术"软件构建块",以及其各自之间相互关系的UML组件图或顶层类图。

3. 运行时视图

用时序图、活动图或类似图示来展示主要(或关键)过程,尤其是构成软件系统的各构建块之间的过程。

4. 部署视图(或基础设施视图)

用于表示各软件系统工件到各计算机节点、网络等的分布和部署情况,换言之,表现软件到物理技术基础设施上的映射。

一般情况下,这四个视图可为软件架构的描述提供充分的基础。但是,其他一些专门化(特化)的视图也可以为这四个视图提供补充,例如可以帮助我们更好地向利益相关方作出解释说明。以下是一些专门化(特化)视图的示例:

- 数据视图

  是一种例如通过实体关系(ER)模型等方式详细描述软件系统数据库结构的视图。

- 顶层大图(宏观图)

  用于与管理层进行沟通协商(如申请预算)的概括性顶层系统架构视图。

- 遮罩(或流程)视图

  屏幕遮罩、网站页面流程图等。

对于这些额外的视图,需要考虑创建、维护每个视图所需要的工作量。相应地,整体文档编制所需的工作量也会增加。另外可能还需要对额外添加的图示符号作出详细的说明。

为了对软件系统的各组成部分或不同子区域给出详尽的解释,各种类型的视图可能需要用到不止一次。其具体使用情况应当基于利益相关方、系统关键性以及系统特定部分的复杂度来决定。

4.3.2 在视图说明中使用UML图作为注释工具

在视图说明中,可以使用统一建模语言(United Modeling Language,UML,见[UML-1a]、[UML-1b]、[UML-1c]、[RQ+12]、[Oes09])注释来进行图示呈现。自1997年经对象管理组织(Object Management Group,OMG)标准化后,UML注释就被广泛应用于实际工作,是一项很有帮助的工具。因此,一般来说各位读者可以默认目标受众都非常熟悉软件架构基本的UML元素(不过在大量使用UML之前还应当进行确认)。作为简要回顾,本小节将对部分重要的软件架构UML图作出介绍(如果已经非常熟悉UML,则可以跳过本节)。

4.3.2.1　UML 2 中的图示类型

UML 的 2.3 版本([UML－1b]、[UML－1c])于 2010 年发布,其中包含了 14 种图示类型(七种结构图,七种行为图),具体见表 4-1。其中,对于软件架构视图说明尤其重要的 UML 图用粗体表示。

表 4-1　UML 2 图示类型

UML 2.3 结构图	UML 2.3 行为图
UML 类图	UML 活动图
UML 复合结构图	UML 用例图
UML 组件图	UML 交互概览图
UML 部署图(也称为:基础设施图)	UML 通信图
UML 对象图	UML 时序图
UML 包图	UML 时间图
UML 剖面图	UML 状态机图

4.3.2.2～4.3.2.5 小节将举例详细介绍两种 UML 结构图和两种 UML 行为图。

4.3.2.2　UML 类图

UML 类图能够展示类的静态结构以及各个类之间的关系。类之间的典型关系包括关联、聚合、专门化(特化)及泛化(图 4-4)。关系可以有不同的基数,例如 1∶1、1∶n 以及 m∶n 关系等。

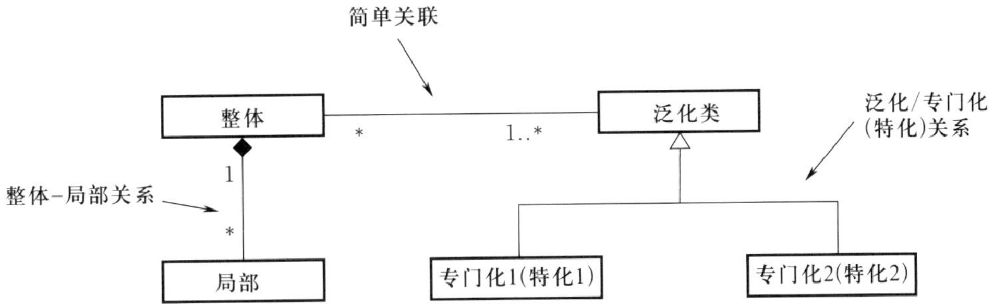

图 4-4　不同关系类型的 UML 类图

4.3.2.3　UML 组件图

UML 组件图可提供组成软件系统的各构建块的概览,并使用 UML 组件对其作出说明。UML 组件有用于连接其他系统组件且明确定义的接口。图 4-5 所示为两个通过输入和输出接口进行连接的 UML 组件。

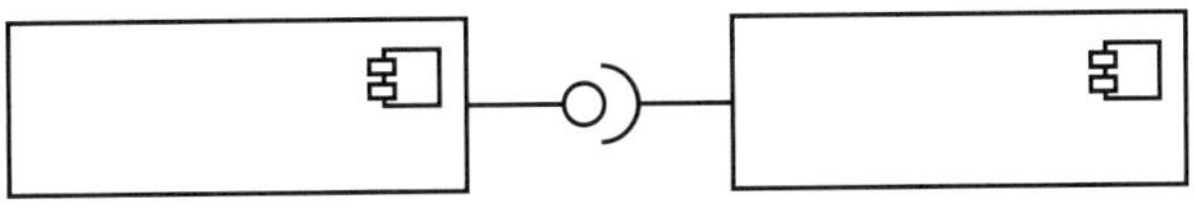

图 4-5　UML 组件图

4.3.2.4 UML 活动图

UML 活动图可以展示系统组成部分(例如:类、组件或用例)内部可能的流程顺序。这一类型的图可用于提供详细的算法、数据流及控制流说明。图 4-6 所示为一套包含起点、终点、分步和分支的流程顺序。

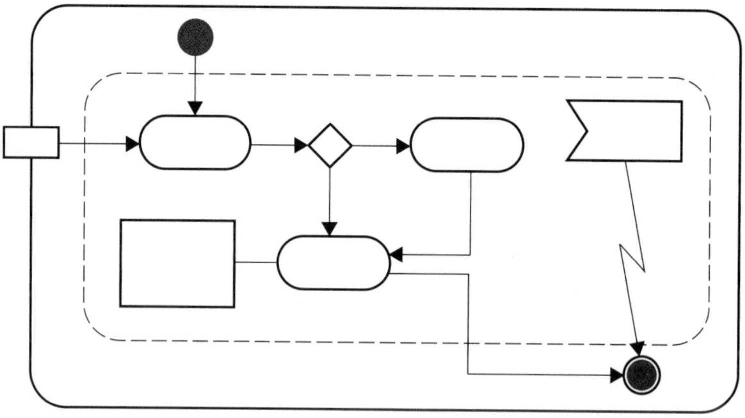

图 4-6 UML 活动图流程顺序

4.3.2.5 UML 时序图

UML 时序图可以展示软件系统内各构建块实例之间的交互(信息交换)情况。为了避免单个时序图体积过大,时序图可以嵌套。如图 4-7 所示,两个构建块实例彼此交换信息,另有一个构建块实例则通过嵌套图来表示。

4.3.2.6 总结

在视图说明图示中使用 UML。

作为一套广泛使用的工具,UML 提供了大量不同类型的图示可用于软件系统说明。但是不能把 UML 当作百试百灵的万能解决方案。只要有助于目标受众正确理解,可以大胆地对图示作出必要的补充。在描述软件架构时,有很多其他类型的图示也很常用,如比较非正式的“线框”图。对于这种非标准的图示,尤其需要注意对其中使用的符号作出说明。

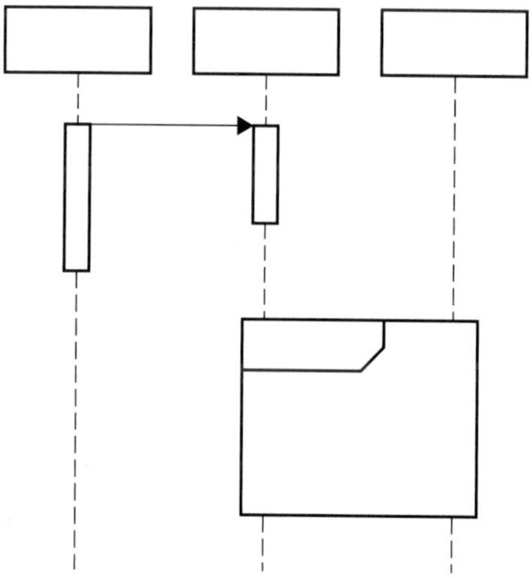

图 4-7 UML 时序图

在面对某些特定的利益相关方时,使用 UML 可能会显得不太合适。例如,在向管理层人员介绍架构时,其他类型的图示(如顶层大图/宏观图)可能更有帮助。另外,也可以结合使用 PowerPoint、用高层级网络符号表现的 Visio 图以及非正式的“线框”图。使用事件驱动过程链(Event-driven Process Chain,EPC)图来展示(粗略的)的工作流程等类似内容也有助于面向管理层人员介绍架构。

相应地，实体关系图通常更适合用于描述数据库；使用网络符号的图示则更适合描述管理与运营方面的内容。

4.3.3 视图说明：简略结构和介绍性实例

本节将对视图说明的结构进行概述。[ARC42]中提供了一套用于软件架构说明（包括视图说明）的模板。在如开放式分布处理参考模型（Reference Model of Open Distributed Processing，RM-ODP）等很多其他方法中也有类似的模板[RM-ODP]。在第4.3.3.2 小节中提供了一个简短的示例。

4.3.3.1 简略结构：模板式视图说明

在进行软件架构说明，尤其是架构视图说明时，应当采用标准的结构或纲要，以便给读者提高辨识度。另外，还应保证说明内容与相应目标受众群体相匹配。应当明确询问利益相关方，具体需要针对其工作任务内容提供哪些方面的说明。

在进行架构视图说明时，按照经验应当以“非必要不使用”的原则对待形式化的内容。比如，不能为了保证架构图的所有细节都得到各方面认可而导致项目严重偏离预期进度。作为架构师，应该要避免教条主义。

在文档编制方面，首要务实的工作方向是要描述构建块的风险等级或复杂度。具体而言，其风险等级越高，则对应构建块文档就应该越全面。如果风险可控，则可以省略一些细节。

以下是架构视图说明构成部分的一些示例。

1. 简介

视图的简介会以文字形式简短地对“当前涉及哪些方面的内容”作出概述。

2. 图示

图示将以图形的形式展示视图。

3. 元素目录

元素目录包含了在参考图示之后对出现在视图中的元素和构建块进行描述的文字或图形列表。

- 元素及其各自的属性；
- 关系及其各自的属性；
- 元素各自以及彼此之间的接口；
- 元素的行为。

如果采用单一的一套目录覆盖所有图示太过繁琐，则可以对每个视图分别使用局部元素目录。

4. 可变性

这一部分将使用文字说明来阐述视图中可变元素或关系的情况。所有涉及需求、架构、设计、相关外部系统或基础设施的变化都应当包括在这一部分。

根据视图类型的不同，也可以在这部分对配置、安装和操作参数作出说明。这一部分也可以包含需要考量的所有技术标准。

在变化性的内容部分，可以对易修改性和灵活性这两方面内容作出区分。易修改性指可预见地对当前系统作出修改调整（例如修改 JDBC 数据库驱动）的能力；灵活性指对系统进行扩展的能力（例如提供允许不同类型 GUI 访问同一底层应用程序的扩展段）。

5. 背景信息

以文字形式表现的背景信息对于视图特定结构的理解非常重要，同时其也可以作为特定设计决策的理由。典型的背景信息包括：

- 选定当前结构或选定替代方案的理由；
- 系统特定内容方面的分析或初步评估结果；
- 针对系统、使用的构建块，以及系统环境等方面作出的假设；
- 对其他相关或相连视图的引用说明；
- 各类其他相关信息来源或示例代码。

4.3.3.2 示例：构建块视图的视图说明摘录

下面展示了 CoCoME 示例中构建块视图说明的部分摘要内容。

1. 简介和图示

此部分内容基于构建块视图，其作用是对描述连锁超市运营的 CoCoME 进行概括性介绍。图 4-8 使用 UML 复合结构图，通过 Inventory 和 CashDeskLine 这两个软件构建块展示了 CoCoME 的顶层构建块情况，这两个构建块均使用 UML 组件来表示①。

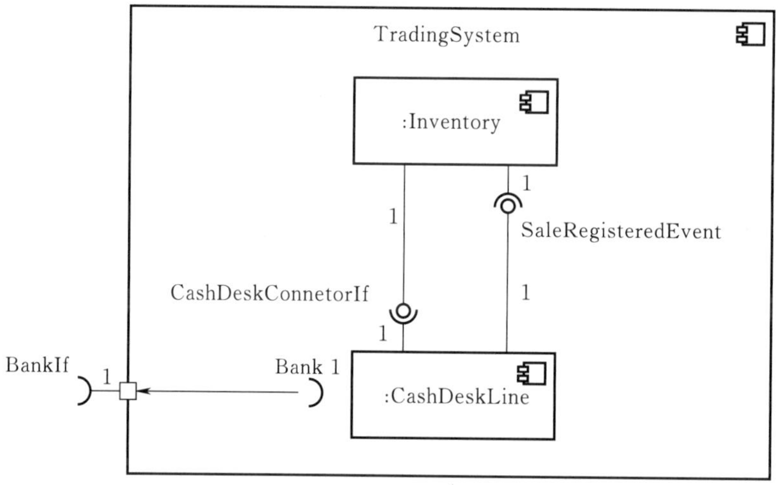

图 4-8 CoCoME 最顶层构建块视图

① 正式的 UML 术语应该是 UML 部件(Part)，被命名为 UML 组件。出于简化目的，我们在其他图示中也将其称为 UML 组件。

2. CoCoME 构建块视图的元素目录(TradingSystem)

元素目录见表 4-2。

表 4-2　CoCoME 构建块视图元素目录

元素	类型	说明
TradingSystem	UML 组件	CoCoME 的顶层 UML 组件 其中包含一个用于仓库管理的信息系统,以及一个用于结账通道的嵌入式系统
Inventory	UML 部件(组件)	针对仓库管理信息系统的组件
CashDeskLine	UML 部件(组件)	…
CashDeskConnectorIf	接口	UML 组件 Inventory 用于与 UML 组件 CashDeskLine 进行通信的接口。 其中包含了用于获取商品说明和商品价格等商品信息的方法。其输入为商品条形码
SaleRegisteredEvent	接口	…

3. 可变性

收银机系统应能够根据不同的安装环境进行配置,然后根据具体情况使用。

4. 背景信息

(1) 分析

- 原型显示 CoCoME 中的条形码扫描器可能会是形成错误的一个来源。出于这个原因,在开发阶段应当进行适当的测试,且应在最终的系统中采取措施保证提高这方面的容错率。
- 对于 CoCoME 软件是否应当允许本地可配置还需要跟负责的相关人员明确。在适当的情况下,应由 CoCoME 的测试用户开展对系统原型的评估。

(2) 假设

- 预期其他 CoCoME 构建块不存在特别的错误来源、安全风险或性能瓶颈。

(3) 相关视图引用

- 细化的 CoCoME 构建块视图。
- 运行时视图和部署或基础设施视图。

在此粗略结构和视图说明示例摘录的基础上,下文将介绍 4.3.1 节中所列的四种视图,首先是上下文视图。

4.3.4　上下文视图

4.3.4.1　上下文视图的内容

上下文视图是文字或图形需求说明与后续架构之间的重要连接环节。该视图会对系统的环境，以及系统与环境的关系和联系作出说明，进而为所有参与方提供整体系统的介入点和脉络。

因此，上下文视图说明的重点应当放在与相邻系统的接口方面。在对这些接口实现的功能、技术和组织等方面进行更详细说明时，应当引用相对应的接口概念。

在上下文视图中，下面三个元素具有很高的重要性。

(1) 外部参与者(相邻系统和使用者)。

(2) 待开发的系统。

(3) 包括下述在内的全部面向外部参与者(所有相邻系统和使用者)的接口相关内容：

- 接口类型(例如在线接口、批处理接口、USB接口或文件接口)、通过该接口传递的数据或资源，以及所使用的服务或功能；
- 所使用的通信协议；
- 所使用的通信模式(例如同步或是异步)。

在此基础上，上下文视图明确了目标软件系统所考虑的范围边界。

4.3.4.2 上下文视图的利益相关方

与相邻系统的接口是一个项目最关键的方面之一，因此也给上下文视图赋予了极其重要的意义。上下文视图的利益相关方通常包括：

- 项目管理人员；
- 需求分析师(作为"输入信息提供方")；
- 系统分析师(作为"输入信息提供方")；
- 技术或领域专家(作为"输入信息提供方")；
- 设计与开发人员；
- 测试人员；
- (可能的)下游管理和运营人员；
- 财务控制人员(将开发成本分配到不同的成本中心)；
- 如果是商业化产品，则可能涉及销售和市场人员；
- 〈自定义〉——即根据企业组织和项目情况确定的其他方面人员。

4.3.4.3 上下文视图注释中的典型说明元素

上下文视图的说明主要包含下面两项内容：

- 上下文关系图；
- 相邻系统与对应接口列表。

上下文视图通常可以分为功能和技术两个方面。这意味着所描述的软件系统可以在功能上与其他软件系统分隔开，同时在技术上集成到当前和未来要采购的基础设施中。

上下文视图的功能部分可以是静态的，也可以是动态的。动态视图一般更适合用于测试和运营，而静态视图更适合用于架构、设计和开发。在接下来的几节中，侧重于介绍静态视图。

接口的所有相关方面都应当在上下文视图中明确说明，这一点十分关键。例如，接口传递的内容、内容的传递格式、使用的媒介等。虽然有些比较流行的视图类型（例如UML用例图）仅展示接口的特定方面，但在上下文视图中，应当对接口的所有方面都进行展示。

上下文视图需要使用很多不同的注释进行创建。如果要使用UML图，则UML组件图和UML复合结构图对于在上下文视图中创建面向功能的图示会尤其有帮助。在此情况下，在说明中可以将系统定位成带有明确接口的"中央黑盒"。

对于面向技术的上下文视图，还可以使用UML节点对UML组件进行补充。有的情况下，UML包符号也可以用于此目的。一些非UML网络符号（例如Visio中使用的符号）也很常用。此外，PowerPoint中的"线框图"等比较非正式的注释形式在上下文视图中同样常见。这里尤其需要注意的一点是，实际使用的呈现方式一定要和与主要利益相关方进行的沟通相匹配。

上下文视图可以提供构建块、运行时和部署视图的抽象图示，因此它们各自的注释和图示也可以用来补充上下文视图的说明。

上下文视图通常包含的元素见表4-3。

表4-3　上下文视图中的元素

类型	说明
UML组件 UML部件	作为核心的顶层元素，UML组件和UML部件代表了各个必须具备明确接口（可能是外部可见接口）的构建块。它们是上下文视图中最重要的符号
UML节点	UML节点符号也可以用来（补充性地）呈现待描述目标软件系统的（技术）部署或基础设施上下文。 这里也可以使用UML依赖及UML关联关系来描述节点之间的连接
UML参与者	UML参与者这一类型的元素可以用来表示被描述软件系统与重要用户角色之间的关系
面向外界的接口（依赖关系）	这些接口用来描述系统和位于外部世界的相关利益方之间的数据和控制流。可以使用UML中的依赖关系来表示。这些接口的定义包含接口种类、通信协议、通信模式和所传输的对象种类的信息。每一个接口在上下文视图中都应该通过有意义的名字来命名
图例/评论	以文字形式表示的图例和说明可以在图示中用作评论

4.3.4.4　上下文视图的图示示例

在下文中，将展示部分取自CoCoME的上下文视图图示作为示例，其中部分图示使用了非UML说明工具。

首先，图4-9中通过一个仅由"符号和线段"构成的简单图示展示了单个收银台的上下文情况。其中核心的元素是收银台电脑（Cash Desk PC），用来表示与银行（Bank）以及与其他构成收银台的各类硬件构建块的连接。这些硬件包括用于识别待收款商品的条形码扫描器(Bar Code Scanner)、用于刷借记卡/贷记卡的读卡器(Car Reader)、现金盒(Cash Box)、打印机(Printer)以及指示灯显示器(Light Display)。所有这些硬件构建块都有自己的接口,接口都由收银台电脑处理。因此,这台电脑会通过这些接口与其周边环境进行交互。

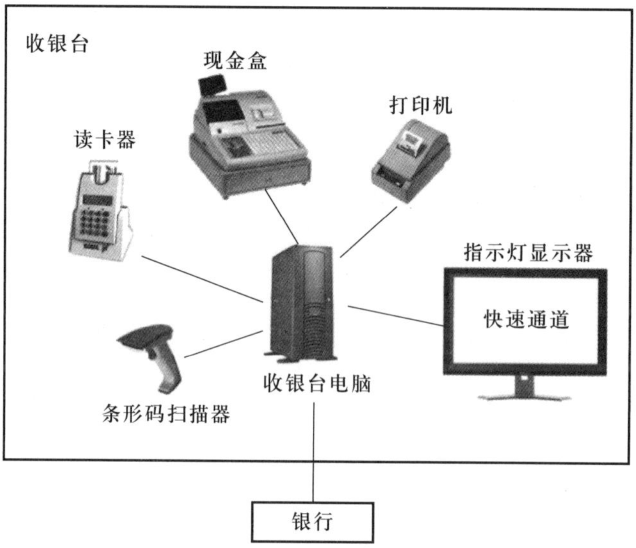

图 4-9　付款台上下文

图 4-10 所示为在门店上下文环境下的收银台情况。在对应 UML 图的左侧可以看到名为 CashDeskLine 的 UML 组件,其中包含了门店内的所有收银台(CashDesks)。这些 CashDesks 与 StoreServer 相连接,StoreServer 则会被门店客户端 StoreClient 访问。

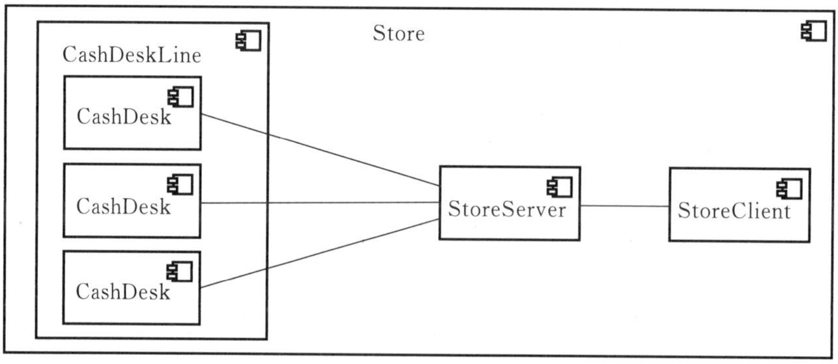

图 4-10　门店内收银台的上下文

图 4-11 所示为公司(Enterprise)上下文环境下的门店情况。对应的 UML 图将多个门店(Store)表现为连接到公司服务器(UML 组件 EnterpriseServer)的 UML 组件,而公司服务器则由公司客户端(EnterpriseClient 这个 UML 组件)进行访问。

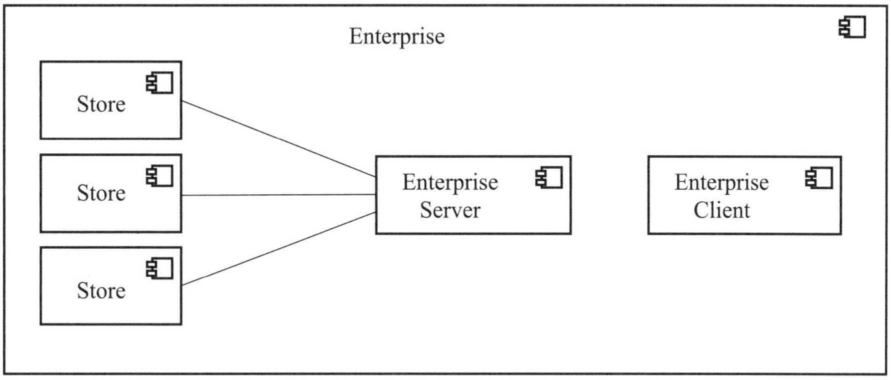

图 4-11 企业内多门店的上下文

4.3.5 构建块视图

4.3.5.1 构建块视图的内容

构建块视图展示了软件系统的静态结构。在开发过程中，这一视图会对预期结构进行详细说明，同时在系统完工后，其还需要反映自己的现有真实结构。这一视图的目标是明确展示软件架构的静态结构以及各构建块之间的关系。

如第 2 章中所介绍和展示，“构建块”一词包含了所有最终呈现源代码抽象化的软件及实现工件。其最顶层包含了软件的各个子系统或软件包。需要注意的一点是，构建块自身也可以由其他构建块构成。

每个构建块最好至少具备下列属性：

- 名称；
- 职责或用途；
- 接口；
- 对其实现的引用。

也可另外添加其他可选的属性，例如需求或开放性问题。

构建块视图可以采用自上而下的方式来制定。按照这一方式，其起点应是一个上下文视图。如果存在已有的系统需要集成整合，则自上而下的方法可能还需要结合对这些已有系统自下而上的抽象化。这方面的一个典型示例就是面向服务的架构中各项基本服务的抽象化。

4.3.5.2 构建块视图的利益相关方

构建块视图主要面向软件系统设计和实现。其利益相关方包括：

- 参与软件的架构、设计、开发和测试的所有项目人员；
- 质量保证人员（如果没有直接分配到项目）；
- 构建块视图可以协助项目管理人员制定工作和活动计划；

■ 在原始软件开发项目完成后，构建块视图还可以协助运维人员提高完成后系统的维护效率。

4.3.5.3 构建块视图注释的说明元素

构建块视图中的典型 UML 元素包括组件和包符号。

UML 组件符号是构建块视图中使用最便捷的说明元素，尤其是对于外部接口在其中发挥重要作用的系统。可以替代（或补充）UML 组件，且使用比较广泛的说明元素主要是最高构建块层的各个类，这些类使用 UML 类符号来表示。类在构建块视图的细化过程中使用更为广泛（更多有关细化的内容请见第 4.3.9 节）。

在前文的示例中图 4-8，构建块视图中使用的 UML 组件包括 TradingSystem、Inventory 以及 CashDeskLine。

在图示中使用不同类型的注释时，要遵循“少即是多”的原则。以使用 UML 为例，很多情况下表 4-4 中这些元素就足以表示整个软件系统及其环境。

表 4-4　表示软件系统及其环境所需的各项元素

类型	说明
UML 组件（带有接口）	作为核心的顶层元素，UML 组件代表了各个应当具备明确接口（可能是外部可见接口）的构建块
UML 包	UML 包表示针对其他将于架构层面更进一步详细（但不是必须）说明的元素的逻辑封装或抽象。UML 包与组件共同构成了构建块视图的顶层元素
UML 类	UML 类可以（但不是必须）用作构建块。它通常在细化相关的步骤中使用
UML 关系	UML 关系主要在各 UML 组件、包和类之间使用
图例/评论	以文字形式表示的图例和说明可以在图示中用作评论

4.3.5.4 构建块视图的图示示例

作为构建块视图图示的进一步示例，图 4-12 和图 4-13 所示为图 4-8 中构建块 Intentory 的细化情况。

在图 4-12 中，GUI 构建块 Inventory::GUI（属于 Inventory）是以 UML 组件的形式呈现的。其中包括一个通过接口 ReportingIf 进行 Reporting 的 UML 组件，该接口会生成各种报告和统计数据。另外还有 UML 组件 Store，通过这个组件可以使用 StoreIf 接口访问 StoreManager（例如用于下产品订单）。

图 4-13 所示为细化的 Inventory 内部结构。除前文提到过的 GUI 构建块外，其还包括 Application、Store 和 Database 等 UML 组件。例如 OrderEntry 或 Product Order 等重要方法为 UML 组件的各类接口（例如 ReportingIf 和 StoreQueryIf）提供了补充。

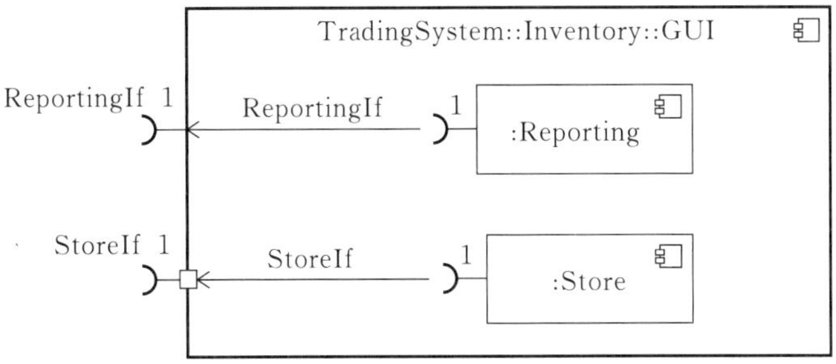

图 4-12 构建块视图细化——Inventory 的 GUI

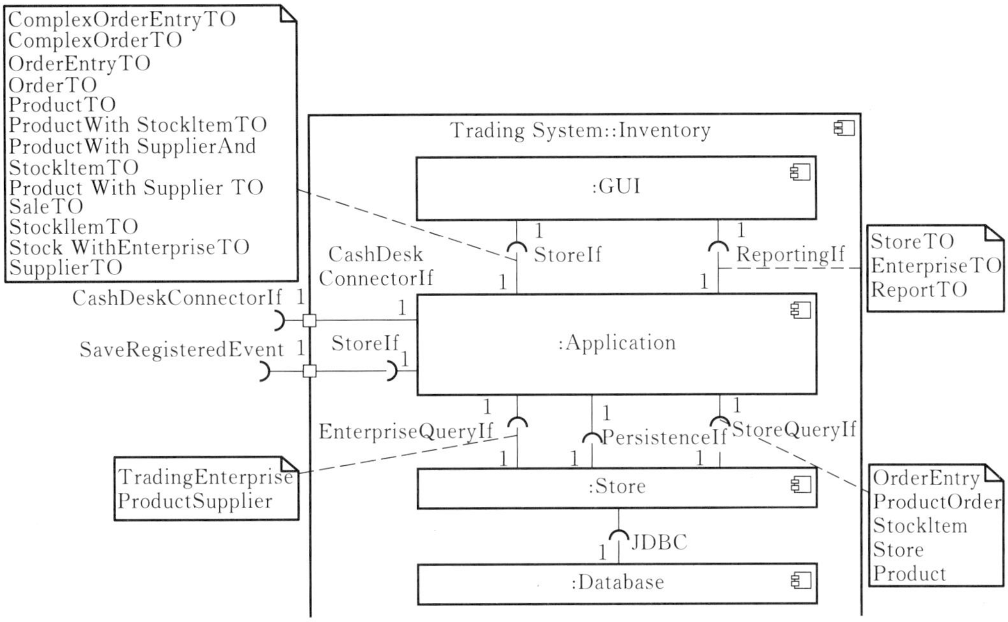

图 4-13 构建块视图细化——Inventory(白盒)

4.3.6 运行时视图

4.3.6.1 运行时视图的内容

运行时视图能够描述软件系统各元素[①]在运行时的交互情况。在运行时视图中，将展示系统操作中会对系统启动、运行时配置以及系统管理形成影响的各个重要方面。运行时视图通常不会描述整体软件系统，而是会侧重于描述系统的重要部分以及能够展现系统概况的一些示例。

注意：如果全面使用模型驱动的软件开发方法，则不适于这一规则。如果需要使用含运行时视图动态元素的 UML 图生成代码，则 UML 图必须对软件系统的架构进行深入、准确的说明。

① 实际上是构建块的实例。

4.3.6.2 运行时视图利益相关方

运行时视图具有多个不同的目标受众群体：

- 软件系统运营商；
- 系统架构师；
- 所有参与软件设计、开发和测试的项目人员。

对于本视图，质量保证人员同样是利益相关方（如果没有直接分配到项目中）。

4.3.6.3 运行时视图注释中的典型说明元素

运行时视图主要描述各构建块的动态交互情况。该视图可以采用多种不同的说明形式，这些形式各有自己的优势。部分典型示例包括：

- 在 UML 环境中，运行时视图最常用三种图表——UML 活动、通信[①]和时序图。
- 如果目标受众对传统的流程图理解比较到位，则也可以将其用作运行时视图的注释。
- 在合理论述情况下，使用小部分的（伪）代码也可以带来一定帮助。
- 以编号列表形式表现的非正式语言序列说明同样会很有用。但前提是必须好理解，且足够简短。另外，还需要确保对应序列的核心语义足够清晰，且每项活动能够清晰分配到对应的执行构建块。
- 业务流程模型和注释（Business Process Model and Notation，BPMN）也是运行时视图中表示业务流程的办法之一。

在有些情况下，静态模型也可以是运行时视图中非常有用的一部分。例如，如果要对表现各对象实例的运行时视图进行说明，则可以使用 UML 对象图（或其他类型）来进行辅助。但是，在架构层面一般没有必要使用静态模型，因此接下来几节的内容会仅侧重于动态模型的各个元素。

4.3.6.4 运行时视图的图示示例

图 4-14 和图 4-15 所示为 CoCoME 运行时视图下的两个图示示例。其中，图 4-14 是描述针对当前存货水平生成报告（Stock Report）流程的时序图。作为比较，图 4-15 是描述相同流程的通信图。

1. 时序图

图 4-16 提供了 UML 时序图中部分重要元素的概览。

表 4-5 列出了 UML 时序图中的各重要元素。自 UML2 发布后，时序图中可以出现的元素数量有了显著增加，其中加入了循环、条件、对其他图示的引用等其他元素。为了保证简洁、清晰，这里同样适用元素数量尽可能保持最低限度的原则。

---

① 自 UML 2 发布后，原 UML 协作图更名为 UML 通信图。

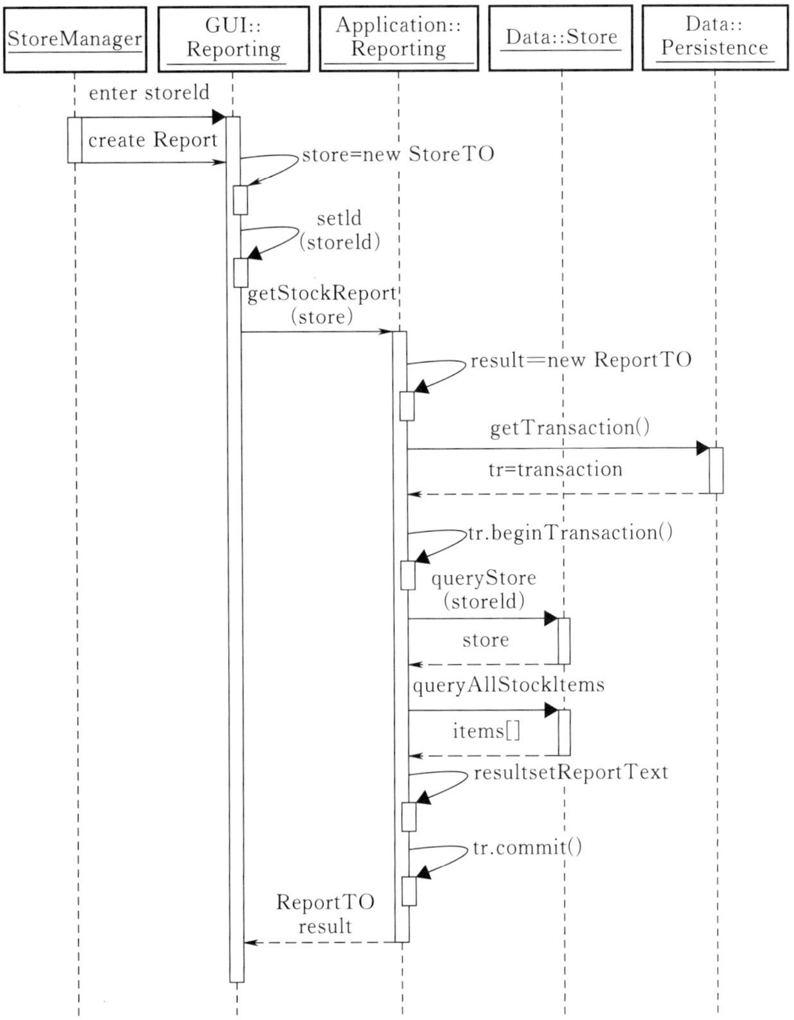

图 4-14　运行时视图："Stock level report"时序图示例

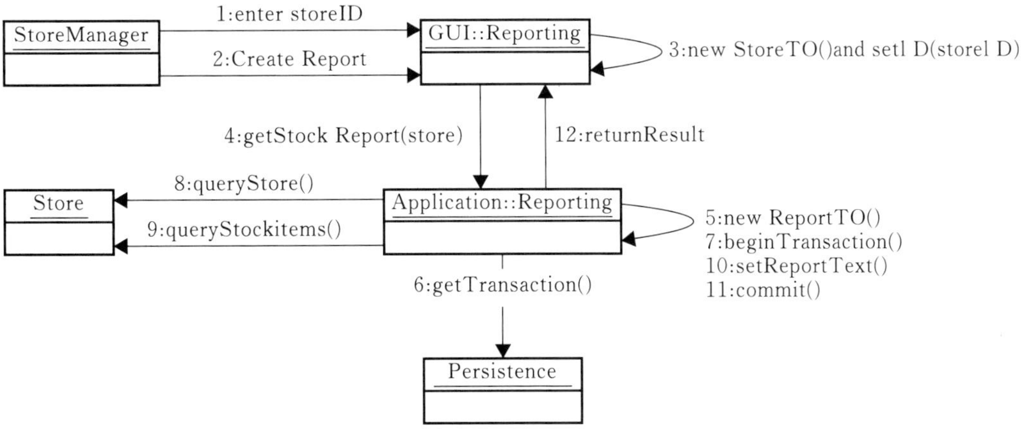

图 4-15　运行时视图："Stock level report"通信图示例

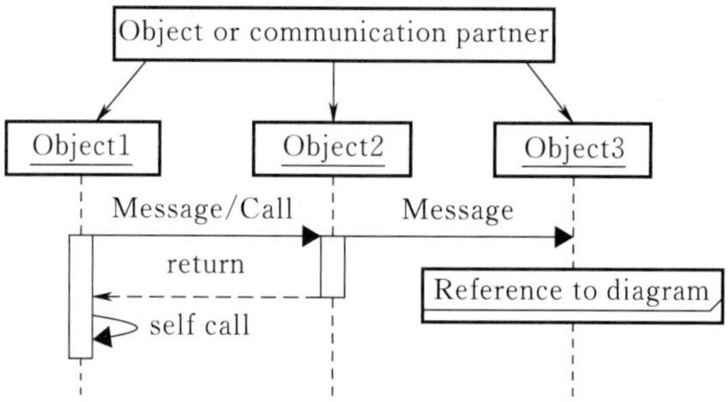

图 4-16 运行时视图:时序图中的典型元素

表 4-5 UML 时序图中的元素

类型	说明
对象/通信协作对象	横置的矩形在时序图中一般代表对象和通信协作对象。这些通信协作对象可以是 UML 组件(例如来自构建块视图的 UML 组件,或是类)
连接矩形的垂直虚线	连接矩形的垂直虚线表示对象和通信协作对象的生命线
箭头	表示通信协作对象之间的各种调用类型和信息。例如,同步和异步方法调用均由箭头表示
图示引用	对于比较复杂的流程,可以引用其他图示作为协助
循环/条件	循环和条件通常用于控制流程结构。其主要用于对顶层架构进行细化
图例/评论	以文字形式表示的图例和解释可以在图示中用作评论

图 4-14 为另一个时序图。这张图中包含了时序图的典型元素,例如方法调用和循环。

图 4-14 中的时序图描述了存货水平报告的创建过程。这是一个典型的 CoCoME 经典用例,描述了下面的工作序列:StoreManager 可以使用 UML 组件 GUI::Reporting 检查存货水平。其输入内容是 storeId,之后需要按下按钮进行 Create Report 操作。该操作的响应是调用 UML 组件 Application::Reporting 的 getStockReport()方法。之后该方法会访问数据组件 Data::Store 在循环中创建对应的报告(循环封闭在事务 tr. begin … tr. commit 内)。然后会生成 ReportTO 对象并返回给 UML 组件 GUI::Reporting。最后,结果会以报告的形式显示在 StoreManager 的 GUI 中。

2. 通信图

相比 UML 时序图紧凑、从左至右的表格化布局,UML 通信图中涉及的协作对象在很大程度上可以自由排列。这样一来就可以更容易地构建布局,例如可以根据构建块视图中的构建块情况布局。但是,包含大量通信关系的大型图示可能会过于庞大繁琐,不好理解。

图 4-15 用 UML 通信图的形式展示了与图 4-14 相同的工作序列。在图中可以明显看出图示元素布局自由度有了提高。

4.3.7 部署或基础设施视图

4.3.7.1 部署视图的内容

部署视图也称为基础设施视图，其作用是描述软件系统运行的（技术）环境。此类视图可为软件系统的运营和部署提供辅助。在此视图中，需要将来自构建块视图的具体UML组件放置到视图的各节点内。因此，说明中会包含应用程序服务器、数据库管理系统、网络连接、服务器等系统软件或硬件构建块。

在此视图下，一般会将各工件（工作成果如文档、文件、软件、可执行文件、.war、.ear、脚本、源、库）分配到其各自的执行节点（例如某台计算机、服务器、设备、某个数据库或数据库系统或数据库管理系统、某EJB容器、容器、操作系统或工作流管理系统）。分配可以按1∶1或m∶n的形式进行，即多个工件可以分配到一个以上节点。

部署视图的另外一个作用就是可以将软件系统与“现实环境”进行具体的映射。例如，可以通过引用构建（Build）和部署脚本（或其说明）来进行。比较恰当的做法是在说明文档中单独添加一个部分（另请见第4.5节）。

4.3.7.2 部署视图利益相关方

部署视图对应真实的软件运行环境。其主要利益相关方包括：

- 软件系统的运营人员（这是一个尤其重要的目标群体）；
- 系统架构师和软件架构师；
- 开发人员（目的是确保其了解软件所运行的环境和网络情况，了解软件如何分布运行）。

4.3.7.3 部署视图注释中的典型说明元素

本视图的核心UML工具是UML部署图，在其中可以使用各个节点来表示任意的技术元素。节点之间使用通道（以关联的形式）进行相互连接。此外，可以使用UML组件和包符号表示运行时元素（软件系统）。这里同样适用少即是多的原则。

对于某些特殊情况，可以使用网络符号（例如Visio中提供的网络符号）对UML部署图进行细化，以便为特定的目标群体（例如网络管理员）提供额外的信息。另外还有用来表示磁带驱动器、数据库系统、大型机、PC和服务器等的符号，但是这些符号只有在保证确实对利益相关方有用的情况下用作UML图的补充。在纯UML的环境下，可以使用UML节点和组件的对应构造型作为代替，但前提是对应的目标群体熟悉这一注释形式。

部署视图中的典型符号见表4-6。

表4-6 部署视图中的典型符号

类型	说明
UML节点	UML节点是该视图的核心元素。其他构建块都要在UML节点上或节点中运行
通道/通信路径	节点之间的通道/通信路径表示为一般的UML关联（Association）。对于连接情况的说明可以更具体一些，例如“1 Gbit/s以太网”或“物理CD”

(续表)

类型	说明
UML 组件	UML 组件通常放置在节点上。例如,用来指示其运行的应用程序服务器使用 UNIX
UML 包	UML 包的作用是表示放置在节点上或节点内的构建块组、集合或结构(类似于 UML 组件)。例如,其可以是 Java EE 生成的.ear 可部署文件
UML 依赖关系	用于表示 UML 节点之间的关系
图例/评论	以文字形式表示的图例和说明可以在图示中用作评论

4.3.7.4 部署或基础设施视图的图示示例

下面通过两个示例图来对部署或基础设施视图作出进一步说明。

首先,如图 4-17 所示为某微型网店"充实化"、半正式的 UML 部署图。其中包含两个 UML 节点,一个用来表示可作为客户端访问网店的 PC,另一个表示网店服务器。PC 是标准的 Windows PC,具有大于等于 3GB 的 RAM。其中安装了两个 Java 部署工件:ShopView.jar 和 ShopAPI.jar。其运行时环境是 Java 运行时环境(Java Runtime Environment,JRE) 1.8.x。

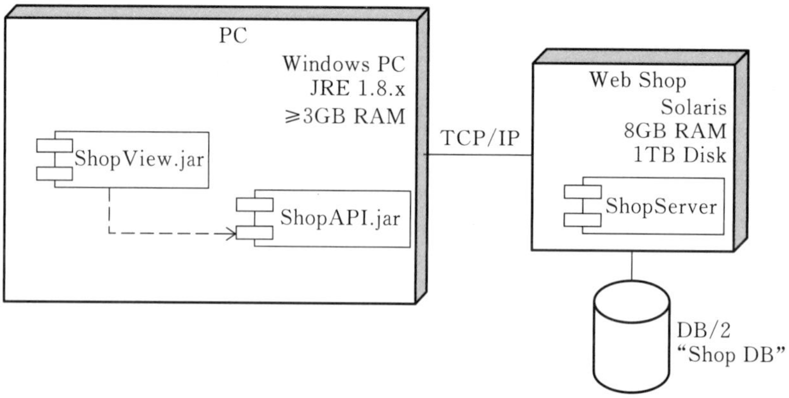

图 4-17 部署或基础设施视图——网店 UML 部署图

PC 通过带宽未明确给出的 TCP/IP 链路访问网店服务器 ShopServer。服务器操作系统是 Sun/Oracle Solaris,并配备有 8GB RAM 和 1TB 的硬盘。网店数据使用 IBM DB/2 数据库存储管理。

图 4-18 所示为 CoCoME 系统中主要物理构建块概览的 UML 部署图。按从左至右的顺序,先来看 UML 节点 CashDeskPC。此 UML 节点中包含 UML 组件 CashDesk(核心收银台软件)和 CashDeskChannel。其中,通道负责提供与 Printer、CardReader、Bar Code Scanner 和 Display 等周边设备的通信。从技术角度看,这些设备都通过 RS-232 接口进行连接。与银行的接口/链接通过 Java 远程方法调用(Remote Method Invocation,RMI)实现。

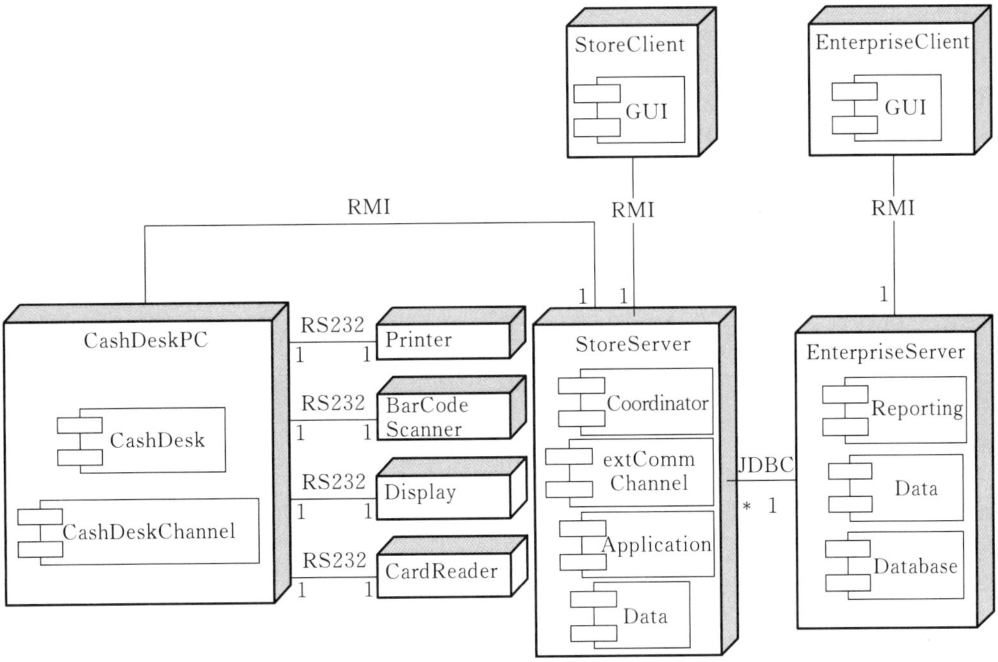

图 4-18 部署或基础设施视图——完整 CoCoME 部署图

在图 4-18 中央，可以看到 StoreServer 节点。其中包含四个 UML 组件：Coordinator、extCommChannel、Application 以及 Data，以及其各自的 UML 子组件。一个 StoreServer 节点可以连接到任意数量的收银台 PC（CashDeskPC 节点）。这些连接同样采用 Java RMI 作为技术基础。

一个 StoreServer 节点可以有任意数量的 StoreClient 节点。它们同样使用 Java RMI 进行连接。每个 StoreClient 节点上都运行有一个 Inventory GUI 构建块（显示为 UML 组件）。

在图的最右侧，可以看到整个企业及其 EnterpriseServer 节点，这个节点可以允许任意数量的 StoreServer 节点通过 Java 数据库连接（Java Database Connectivity，JDBC）与其进行连接。EnterpriseServer 节点中包含 Database、Data 和 Reporting 这些 UML 组件。EnterpriseServer 节点可以由任意数量的 EnterpriseClient 节点同样通过 Java RMI 进行访问。每个 EnterpriseClient 节点中有一个用于库存报告的 GUI UML 组件。

4.3.8 架构视图的相互依赖关系

一个特定架构视图的设计通常会给其他视图带来影响。修改一个视图则需要对其他对应视图作出同步修改。因此，应当采用迭代式的开发过程，在每次作出修改后同步更新所有相关视图。出于下列目的，应当对特殊的相互依赖关系进行文档记录：

- 让设计决策更好理解；

■ 让修改的影响更容易识别；
■ 让系统组件之间的依赖关系更容易理解。

在架构视图之间会存在下列的相互依赖：

■ 首先着手于令软件系统以黑盒形式与其相邻对象进行交互的上下文视图。
■ 构建块视图和运行时视图均衍生自上下文视图，彼此之间存在关系（即构建块在运行时进行交互）。
■ 部署或基础设施视图同样存在于（技术）上下文当中。其表现为构建块视图的各元素会被放置在部署或基础设施视图的技术节点和元素中。

4.3.9 架构视图的分层次细化

一般来说，架构层代表了软件系统说明的“顶层”。其主要有两个用途：首先，架构层的说明应当给出系统的整体印象，以作为后续详细深入了解和进一步细化[①]的基础；其次，其应给出系统的抽象（技术）总结，以作为更高级别的组织或技术层面的入门参考。

黑盒和白盒这两个词汇的一般解释已在第 2 章中给出，下文使用这两个词汇对架构视图的分层细化进行说明。

分层结构从根本上以上下文视图作为起点。上下文视图会将整体系统表现为一个黑盒（即最顶层）。如第 2 章中所述，黑盒会采用信息隐藏原则来展示外部接口并对功能进行描述。在此基础上，分层结构的最顶层即可被明确分配到架构当中。

细化的第一层会将整体系统表现为一个白盒。如第 2 章中所述，白盒会展示构建块的内部结构，以及其依赖关系和工作机制。其内部构建块则会表现为需要在后续进行细化的黑盒。

这个阶段将开始向软件系统设计过渡，过渡过程实际上很流畅。架构可以（但不是必需）对白盒的说明作进一步细化。对于重要的子区域，应当用充分的细节作出说明。图 4-19 所示为一个构建块视图下的细化分层结构示例。它从上下文视图出发，首先将构建块 System 细化成了构建块 A 和 B（出于简约目的，在细化的第一步中，在图示中省略了通向 NeighboringSystem1 和 NeighboringSystem2 的接口）。随后，构建块 A 和 B 进一步细化产生了构建块 C 和 D 以及 E 和 F。

软件系统的设计最迟应该在模块或组件细化为面向对象类（OO classes）时开始[②]。达到这一阶段后，架构和软件系统的设计和开发必须紧密配合以免后续出现“失败”。

需要注意的一点是，后续的细化不局限于构建块视图。尤其是运行时视图也可以相应地细化。图 4-19 所示的示例中，构建块 A 被细化成了构建块 C 和 D。这样就需要增加一个包含构建块 C 和 D 之间通信情况的运行时视图图示。

---

① 此处“细化”一词的使用背景是分解或分离。
② 在模型驱动开发和模型驱动架构背景下，细化可以跨多个步骤，甚至延伸到代码层。

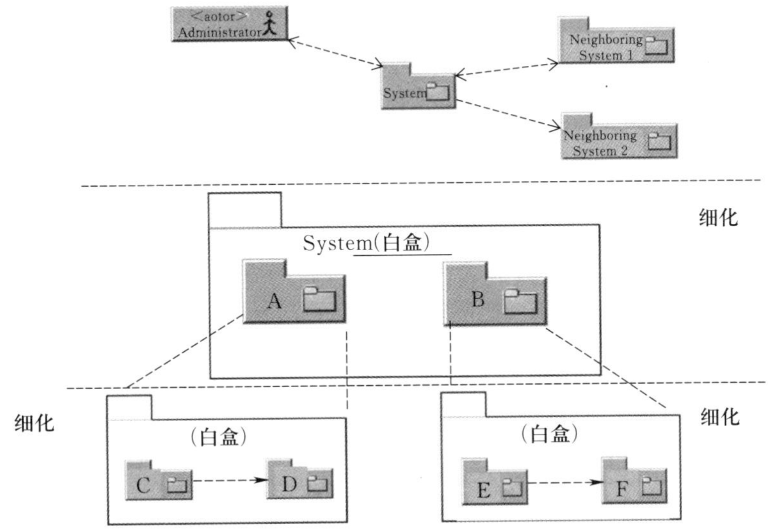

图 4-19 构建块视图下构建块的分层结构和细化

4.3.9.1 黑盒说明

对于黑盒构建块的说明，按逻辑应当遵循类似的模式。用于此目的的典型信息见表 4-7。

表 4-7 黑盒说明内容

标题	内容
目的/任务	这是哪个(黑盒)构建块? 简单描述其任务
输入和输出接口	构建块会对外提供哪些内容? 支持哪些调用语义(调用/返回、同步/异步、推送/拉取、事件)?
已完成需求	需求引用
可变性	构建块应有的或其允许的修改性或灵活性
性能特性	服务质量(Quality of Service，QoS)
存储位置/文件	该构建块的源代码位置
其他管理信息	作者、版本、日期、变更历史
未解决问题	需要澄清的问题

图 4-20 所示为一个黑盒构建块图示的示例摘要。它展示了 EmailManagement 这个 UML 组件，该组件可作为 CoCoME 的扩展。图示中展示了该 UML 组件及它的几个接口，例如 Receive Email、Fetch Email、Monitor Operation 和 Send Email。EmailManagement 构建块的内部实现没有明确展示。

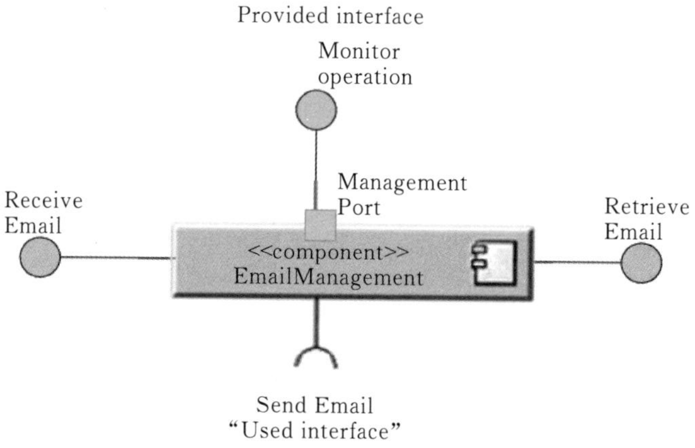

图 4-20　UML 组件 EmailManagement 的黑盒视图

4.3.9.2　白盒说明

在对黑盒构建块进行细化时，会相应创建白盒。对于白盒，同样推荐使用既定的模板，详细的方法示例见表 4-8。

表 4-8　白盒说明内容

标题	内容
概览图示	展示白盒内部结构的图示
	描述外部到内部接口映射/委托情况
局部构建块	局部构建块的表格或列表。其内部结构可以在进一步的细化层进行说明
局部关系	局部构建块之间相互依赖和关系的表格或列表
设计决策	促成此结构形成或拒绝其他方案的考虑因素。这些决策的影响

注：白盒视图应使用固定结构进行说明

举例来说，对图 4-20 的白盒细化可以将其细分为 POP3、SMTP 和 SNMP 构建块，甚至可能细分为其他自定义的构建块。

4.4　软件架构中的技术或横切概念方案

在 4.3 节中，将视图作为描述软件架构说明的核心方式进行了介绍，并通过视图制定了架构说明的基础。接下来，将通过简要概念说明的形式（换言之，明确的不是以现成解决方案的形式）介绍“技术”或“横切”概念方案。这些概念对于部分架构说明具有重要意义，但对于特定的架构不一定绝对相关。在很多情况下，既定的概念方案可以在不同的系统中直接复用。

这里说的技术或横切概念方案覆盖了流程控制、错误处理、集成、国际化、持久化、部署等方面。首先解释这些概念的动机，随后提供两个简短的示例。此处提供的说明并不详尽，仅起抛砖引玉的作用。

4.4.1　技术或横切关注点维度示例

顾名思义，软件架构中的技术或横切概念方案通常会作用于架构的多个部分（甚至全部）。同时，这些概念中有一部分通常需要以相互正交的形式进行处理。图 4-21 通过将错误处理、日志记录和持久化的概念方案分别放入坐标系的不同维度这一形式对此方法进行了展示。其中，错误处理和日志记录尤其常用于软件系统的大部分子区域，但二者之间相互独立（尽管日志记录可以在错误处理的范畴内用作错误日志记录）。普通多层架构（见[DE++09]）中的持久化一般封装在单独的一个区域当中，但通常会包含错误处理，并可能也会使用日志记录。

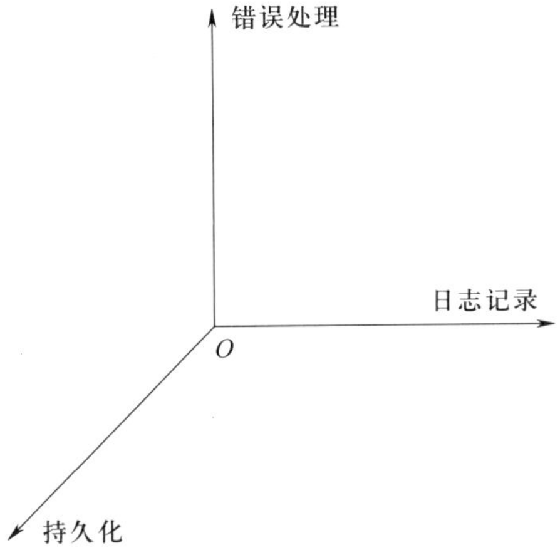

图 4-21　软件架构维度示例

作为更进一步的示例，在联邦数据库或异构分布式信息系统（见[CKH05]）中，自主化、异构化和分布化都是典型需要在相关联的软件架构中进行应对的横切概念。原则上来说，对于软件架构的所有技术或横切概念，都可以做出类似的正交或横切考量。

4.4.2　错误处理

在软件系统的使用和执行过程中，不当操作、部分故障等类似的错误情况几乎每天都会发生。在软件架构环境下，最主要的任务就是考虑如何在系统运行期间处理可预见的错误。举例来说，可以拦截形式上无效的用户输入，或让软件对所连接数据库系统出现的故障作出“有效”响应。

需要由架构和开发团队执行的典型错误处理工作包括以下几方面。

(1) 识别错误情况。

(2) 通过下列方式确定对可预见错误的适当响应。

- 按不同的类别和严重程度对错误进行分类。
- 对功能性和技术性错误作出区分。

(3) 将错误影响最小化。

(4) 简化错误成因的诊断，例如可以使用软件系统报告：

- 出了什么问题？
- 问题发生在哪里？
- 问题为什么会发生？

(5) 通过软件系统采取错误预防措施，例如：

- 对可识别的风险提前预警。
- 允许处理容错。

(6) 确定错误处理的技术，例如：

- C 函数调用返回状态码。
- Java 异常返回提供包括上述特征的错误说明。

作为软件架构师，还需要在软件系统中考虑到稳定连贯的错误处理，毕竟只能在“一切正常”场景下工作的程序是不太实用的。

4.4.3 信息安全性

信息安全性是软件架构中另一个典型的横切关注点。在现实软件项目中，针对这一方面的横切概念往往会处理得过晚。

信息安全性是一个涉及范围很广的问题，因为它会或多或少给整体软件应用程序带来影响。它一般从用户界面开始(例如用户登录及防脚本攻击)，继而贯穿整体代码(例如用于防止缓冲区溢出攻击)，并延伸至数据库及仅应给予特定访问权限的数据库使用者。

除软件外，还应当从企业组织层面采取措施，例如定义用户组和角色，并通过管理措施对用户组和用户角色进行协调；规划定期的安全审计；处理个人敏感数据时采用工会参与的形式；等等。

从更普遍的角度来说，对待信息安全性至少需要处理以下问题。

- 身份验证：确定发送者的身份。
- 授权：根据用户身份授予用户权限。
- 完整性：检测对受保护数据的操纵。

- 保密性:对数据进行传递、传输和存储时,采用未授权方无法访问的形式。
- 不可否认(不可抵赖性):对于接收到的信息,确保信息发送者无法否认。
- 可用性:采取措施应对无法预见或刻意造成的系统故障。

4.5 架构与实现

所有软件架构总有投入现实工作的一天。换句话说,架构说明和分步细化总要实现成为可执行的代码[①]。因此,关于如何进行这种映射的文件化规范和规则是很有必要的(或者至少是非常有帮助的)。例如,“UML 组件 XY 应作为带有适当接口的 Java 类实现”“我们使用下列 makefile 文件来生成 C 可执行文件”或“对于这个项目,我们使用 Java EE 代码结构规范,以及 Sun/Oracle 的构建(build)策略,类似于 Duke 的银行示例(带有参考)”,诸如此类的说明。

这些规范和规则是否要构成架构的组成部分(架构师的职责)、是否与开发团队共同合作制定规范等,这些问题要取决于项目的组织方式。尤其是在大型的项目和企业组织中,这些内容通常会是设计与实现工作活动的组成部分,并且从人员安排角度说,需要在项目和企业组织所在地制定。对于规模较小的团队,处理方式则会有不同。每个项目规范制定的程度和形式因项目而异,但从根本上说,规范会在开发阶段以及后续软件维护阶段给我们带来很大的益处。

本书只是初步涉及这个话题,此处不再赘述。作为一个简单的示例,下面将会展示摘录自示例 CoCoME 系统中的部分内容。

4.5.1 示例实现

CoCoME 系统采用了下列简单的实现规则。

(1) 设计

CoCoME 代码采用了明确定义的结构,以确保各个软件构建块可以方便定位。CoCoME 的每个 UML 组件都对应具体的 Java 包。组件提供的接口也是各 Java 包的组成部分。在所有 Java 包中,这些接口的 Java 实现类都包含在固定名为“impl”的子包中。CoCoME 的各图示可以相应映射到这一代码结构。图 4-22 所示为 CoCoME Java 代码结构的示例。

(2) 构建

CoCoME 采用了 Ant 及 Ant build 文件(build.xml)构建整体项目。Ant targets 可以用于编译和打包,最后会生成 CoCoME.jar 文件。

(3) 运行

CoCoME.jar 文件可以在控制台中使用“java...”直接启动。Ant build 文件中还含有一个专

① 如果是以模型驱动方式生成全部代码,则规则会包含在模型和生成器中。

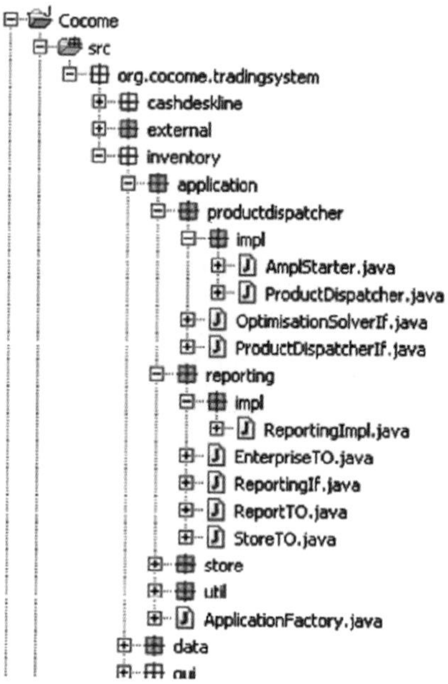

图 4-22 CoCoME Java 代码结构示例

门用于此目的的现成 Ant target。有关 CoCoME 的部分基本设置可以在 cocome.properties 文件中进行配置,例如配置客户端和门店的数量。更多详细内容可见 readme.txt 文件、代码注释以及基于 Javadoc 制作的 CoCoME 代码文档。

4.6 软件架构的常用文档类型

一般情况下,可以采用一系列不同的文档对前面几节介绍的架构信息进行说明。本节将对这些不同的文档类型进行概述。

4.6.1 核心架构说明

核心架构说明是软件架构的核心文档。在可能的情况下,其中会包含尽可能多与架构相关的所有信息,例如:

■ 架构的任务、目标(愿景)、质量需求和利益相关方;
■ 技术和组织边界条件与约束限制因素;
■ 所使用的视图、决策和模式;
■ 技术概念;
■ 质量评估;

- 已认定的风险；
- 其他与架构相关的信息。

在编制文档时，文档模板会是一项很有用的工具。例如，[ARC42]中的文档模板覆盖了本章前几节介绍的大部分内容。

核心架构说明的内容量可能会很大，因此使用单个文档来进行说明（及维护）可能会给其使用带来局限性。说明内容可以使用不同的工具进行管理。部分常用工具如下。

（1）文档

一般来说，使用常用文字处理软件创建的文档会比较易于使用和管理，前提是其体量不能过大。

（2）CASE/MDA/UML 工具

在编制文档时，带有强大报告生成功能的建模工具会非常有用（另见第 6 章）。但是，这类工具在初期具体项目配置方面的工作量也不能低估，尤其是对于小型项目。这一方法的主要优势在于其能够将例如 UML 图示和代码片段直接融入新的文档版本而无需手动复制粘贴。因此，在维护阶段能够提供较高的自动化水平（特别是用于重复生成架构文档）。

（3）HTML 页面或 Wikis

Wikis 等具有较高实用潜力的工具可以作为文档编制工具和建模工具二者之间有效的折中方案。

（4）任意混合形式

第 6 章对一系列其他可用于软件架构有用的软件工具作了介绍。

4.6.2 架构概述

架构概述是对核心架构说明简单、易读的总结。其长度尽量不要超过 30 页。架构概述的内容与核心架构说明相似，但主要侧重于核心视图、主要质量需求和核心决策等架构的关键方面。

如果因时间或工作量问题无法创建详细的核心架构说明，则可以使用架构概述作为完整说明的精简版替代方案。

4.6.3 文档概览

文档概览是按项目或按软件应用程序对全套架构相关文档编制的索引目录，同时其中还会记录文档之间的依赖关系。对于目录的结构以及目录所在位置应该制定明确的组织策略。相关提示，如项目中的哪些角色应当阅读，具体应当以什么顺序阅读，也应该包括在其中。

4.6.4 概述介绍

概述介绍是指通过一系列幻灯片，在不超过 1 h 的时间内对架构(从技术角度)进行展示介绍。

对管理层进行展示时，介绍内容应当控制在 10 min 以内，着重总结核心观点和关键信息，特别是商业利益。

4.6.5 架构墙纸

架构墙纸 (Architecture Wallpaper)的作用是对架构的各个方面提供完整的概览。在实际工作中，一般可以打印出一系列海报大小的材料，对包含细化内容的视图呈现、质量相关的各个方面等内容进行详细介绍。这些材料可以悬挂在墙上或展板上，让大家对具体的主题内容展开互动讨论，例如，可以让架构和开发团队就特定主题进行讨论。

请注意，“架构墙纸”对于促进探讨是一项非常有用的工具，但这不是根本目的。避免这种情况的最好办法是不要教条式地看待这项工具。因为这种大规模的展示很快会对负责软件系统实现、测试和操作的人员产生一定的心理威慑作用。

4.6.6 文档(指南)手册

文档手册可以对全套项目文档的结构和功能作出说明。同时，其也是对文档中所使用的注释作出说明的好方法。

4.6.7 技术信息

技术信息一般由一个或多个文档构成，其中每个文档都包含对项目开发人员和测试人员具有重要意义的信息。其作用是记录有关开发方法和编程指南的信息，以及有关系统构建、启动和测试的信息(另请见第 4.5 节)。

4.6.8 外部接口文档

有关软件系统外部可见接口的文档需要特别留意。这些接口对于整体系统与其环境之间的交互具有关键意义。

不幸的是，在实际的项目中，外部接口往往会成为非常耗时的问题点。因此，需要在项目早期阶段对其给予充分关注，因为“魔鬼往往隐藏在细节中”。因此，在这一点上，更早地投入更多努力来说明这些接口通常是有丰厚回报的。其价值要高于打造漂亮的图示，也高于在视图说明中反复斟酌 UML 句法细枝末节的价值。

4.6.9 模板

对于接口说明，采取连贯一致的模式同样能够带来很大的帮助。表 4-9 列出了一系列典型的接口说明元素。

表 4-9 典型接口说明元素

标题	内容
标识	接口的准确名称和版本
所提供资源	该元素提供哪些资源? (1) 资源的句法:API、方法签名(例如 OMG-IDL、WSDL、OpenAPI/Swagger) (2) 资源的语义: 调用此资源的效果是什么? ■ 初始化事件; ■ 修改数据; ■ 更改状态; ■ 其他明显的副作用; ■ 限制资源使用
错误场景	对错误情况及其相关错误处理的说明
可变性和易配置性	某个行为是否可以更改或配置(例如通过配置参数)?
质量特性	哪些质量特性(易用性、性能、信息安全性、并行化能力等)适用于该接口?
设计决策	接口如此设计的原因是什么? 存在哪些替代方案,替代方案为什么被否决?
注释	使用注释或示例

4.7 文档编制的实践规范

与很多其他流程或技术性的文档一样,各种类型的架构文档都适用一系列既定的规范。这些规范的作用是保证文档的可读性和恰当性。

4.7.1 规范 1:编写时从读者的角度出发

如果不从读者的角度出发来编写文档,则会让读者感到其需求没有得到重视。毕竟一个文档被阅读的次数多于编写的次数,文档实际上就是用来阅读的。

应当尽可能避免过度使用技术术语(在实际工作中,这一点需要做好平衡)。尤其对于核心专业术语,应当专门作出说明,例如可以使用词汇表。

对于文档的结构应当特别留意,尽量以目的性明确的顺序将思路和想法妥当排列。这里再次强调,推荐使用适合的文档模板。

4.7.2 规范 2:避免不必要的重复

应当尽量避免重复。如果确实有必要,则有节制地、有目的地酌情使用:

- ■ 能够简化文档的使用;
- ■ 能够大幅简化文档的维护和更新。

如果使用重复(即便仅存在少量差异),应问自己以下几个问题:

- 差异是否是刻意作出的?
- 差异是否应当重视?

需要注意的一点是,通过不同角度编写的文档通常不应视为重复,因为其具有深化文档内容理解的作用。

4.7.3 规范 3:避免歧义

架构文档通常有意识地会将未来的设计决策作为计划的行动范围以保持开放(留出余地)。但是,如果架构规范中的解读空间(自由度)过大,则很容易造成不可预见的歧义。

对于此问题,可以使用形式化描述语言来避免。然而,形式化描述语言目前在实践中应用仍然非常少。

如果使用了符号注释(例如 UML),则应对每个符号的意义作出说明,或单独提供对术语定义的引用参考。

4.7.4 规范 4:标准化组织结构或模板

(标准化)结构具有很重要的意义,尤其是在需要频繁编制架构文档时。对于读者来说,标准化的结构具有辨识上的意义,同时可以简化引用流程(例如,参见"客户管理系统中的构建块视图")。

如果某个结构被确定,则应向读者作出说明。另外,既定的结构还可以很容易地得到一个文档中已完成或待完成部分的概览。通过在文档中提前定义好文档所涵盖的各个方面,其还有助于提升文档质量。

4.7.5 规范 5:用书面形式提供重要决策的依据

为了帮助读者理解架构和设计,可以(简要地)说明重要决策的依据。例如,依据可以通过引用相关企业政策的形式提出,比如,"对于 X 类型的应用程序,优先考虑使用 .NET 或 Java EE"或"客户的主数据需要专门存储在主机内的中央客户数据库当中"。

对于被明确否定的备选方案,以及关于解决方案优劣势的讨论,这些内容也同样有意义。例如,"使用内部开发的持久化框架可以极大地提高灵活性,但相比现有框架(如 Y),其相关开发和长期维护的工作量不合理。"

即便在新情况下需要重新考虑决策,原决策依据也可以节省讨论时间。总的来说,决策依据可以帮助读者理解我们的决策内容,以及作出决策的原因。

4.7.6 规范 6:检查文档的可用性

文档的一个重要方面就是对于受众的实际应用。在正式发布文档之前,应当邀请目标群体的适当代表对文档进行审查,并将审查结果纳入文档。只有目标用户群体能够真正决定文档提供的信息是否正确以及信息提供的方式是否合适。

审查流程本身也需要评估。需要制定一套定期对文档编制指南进行检查、寻找缺陷的改进流程。

4.7.7 规范 7:清晰的图示

还有一项重要的规范就是避免使用太大的图示(对于此项,可以根据实际情况合理变通)。根据认知科学研究发现,在一个图示中一般可以有效接受 5～9 个(7±2)元素。

请注意,第 4.6.5 小节架构墙纸方法是此规范的一个明确例外。

4.7.8 规范 8:定期更新

应当定期更新文档或者建立一套能够在开发和维护过程中定期对文档进行更新的流程。更新不充分会导致:

- 文档不完整;
- 文档所能带来的用途以及文档的使用水平降低;
- 文档无法成为重要信息来源,进而导致很多不必要的疑问。

文档中暂未得到回答的问题也需要及时更新。但是,如果设计决策变动太快,则不应当频繁更新,否则更新就会占用很多时间。应当等到尘埃落定再着手更新。为此可以给更新设定相对固定的同步时间点。

4.8 其他架构框架示例

除了第 2 章中提到的比较全面的 ISO/IEC/IEEE 42010:2011 标准,以及前面几节中介绍的 iSAQB® 方法之外,还有很多其他的软件架构和架构框架说明方法。为了帮助读者了解这些方法(并激发大家深入探索的兴趣),本节将简短介绍部分示例,不深究其完整性。

以下是部分使用广泛的软件架构框架方法或用于企业架构的更深入的方法:

- 4+1 (Kruchten)框架;
- (美国)国防部架构框架(Department of Defense Architectural Framework,DoDAF);
- 对象管理组织的模型驱动架构(Model-Driven Architecture from the Object Management Group,OMG-MDA);
- 开放分布式处理的参考模型(Reference Model of Open Distributed Processing,ISO/IEC/ITU-T,RM-ODP);
- 德国电子政务应用标准与架构(Standards and Architectures for e-Government Applications,SAGA)框架;
- SAP 的企业架构框架;

- 开放组体系架构框架(The Open Group Architecture Framework,TOGAF®);
- 扎克曼框架(IBM)。

下面介绍其中三种框架。

4.8.1 4+1 框架

Kruchten[Kru95]的 4+1 框架是通过视图进行软件架构说明时常被引用的框架。iSAQB® 和 arc42 方法都是基于类似理念开发的。

4+1 框架中对逻辑视图、开发视图、进程视图和物理视图作了区分,这几个视图都围绕应用场景来放置(图 4-23)。每个视图按如下所述面向不同的利益相关方:

- 逻辑视图从功能性角度审视软件系统,如以顶层类图的形式;
- 开发视图从开发的角度审视系统,如使用 UML 组件图;
- 进程视图类似于 iSAQB® 运行时视图;
- 物理视图负责将软件系统映射到具体的技术系统(类似于部署或基础设施视图)。

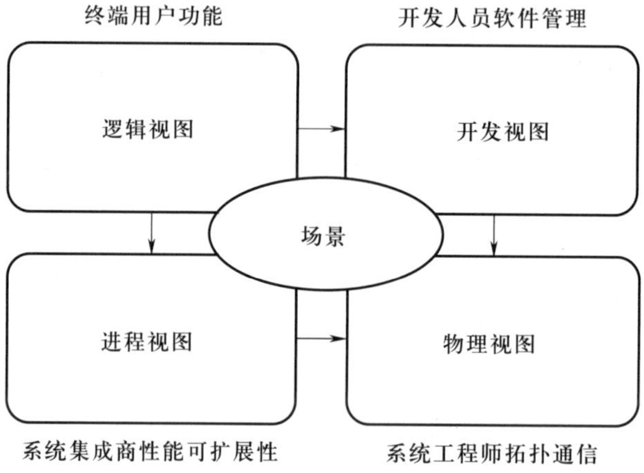

图 4-23 4+1 框架(见[Kru95])

4.8.2 RM-ODP

开放分布式处理的参考模型(ISO/IEC/ ITU-T,又见 ITU-T Rec.X.901-X.904 和 ISO/IEC 10746)[RM-ODP]是一套众所周知的标准化的参考模型,尤其适用于描述分布式软件系统。其中使用了高级网络化系统架构(Advanced Networked Systems Architecture,ANSA)项目范畴内制定的多项基本概念,如图 4-24 所示。

RM-ODP 中包含:

- 用于(软件)系统规范的对象建模方法;
- 视图方法;
- 用于分布式软件应用程序的基础设施定义。

RM-ODP 中包括图 4-24 所示的各视角。

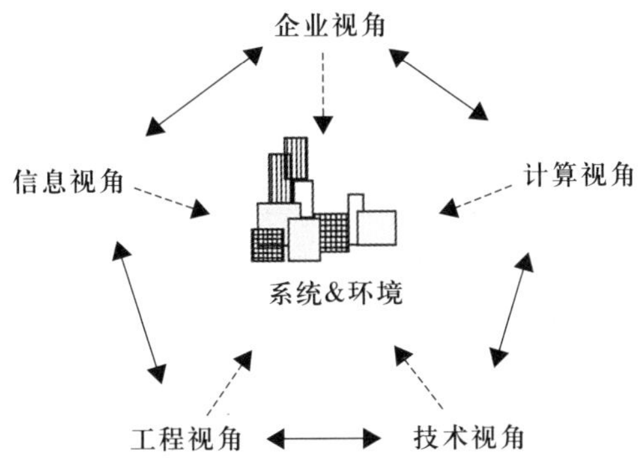

图 4-24 RM-ODP 视角(见[RM-ODP])

- 企业视角:该视角可展示软件系统的目标、使用范畴以及规则。
- 信息视角:该视角可定义通过软件系统处理的数据的内容和意义,也就是说,信息视角中包含数据模型。
- 计算视角:该视角以分解成对象的功能元素及其接口的形式审视软件系统。
- 工程视角:工程视角可展示软件系统中各对象之间分布式交互的机制和功能。
- 技术视角:该视角会展示软件系统各工件与物理资源之间的映射、部署和相互连接情况。

4.8.3 SAGA

SAGA 是一套典型的官方方案,其是在德国联邦内政部的支持下开发的。SAGA 主要追求互操作性、降低风险成本、开放性、可扩展性以及应用程序在电子政务环境下的可复用性等目标。作为一套德国联邦政府标准,德国的很多公开招标都会要求以 SAGA 导向作为标准。

SAGA 中包括用于软件架构的各项建议,因此在这个方面是遵循 RM-ODP 的。其中还包括用于数据和流程建模的各种方法、各种技术导向规范(例如对安全基础设施)、标准和技术(例如 XML 和 XSD 等数据说明)、中间件技术(例如 Java EE 和.NET)等。

4.9 知识测试

以下是从 iSAQB®课程大纲[isaqb-curriculum]"软件架构说明与沟通协调"一节中摘录的部分详细内容,可以帮助读者巩固知识。

学习目标 4-1:解释并考虑技术文档相关的质量属性。

- 能够明确阐述技术文档的主要基本内容和质量特征。

学习目标 4-2:对软件架构进行描述及沟通协调。

- 考虑到读者群体不同(管理层、开发人员、QA 及其他软件架构师)且作者不同(软件架构师、开发人员或可能的其他人员)，软件架构的说明需要面对不同的特殊需求。

- 了解模板和基于模型的文档的好处。

学习目标 4-3：理解如何解释并应用用于描述软件架构的注释/建模工具。

- 熟悉并能够使用有助于对架构视图注释的选定 UML 图示。
- 熟悉 UML 图示的替代方案(例如，流程图、编号列表、BPMN 等)。

学习目标 4-4：说明并运用各种架构视图。

- 解释各重要架构视图的定义及其重要性。
- 能够对构建块视图、结构化视图等不同的架构视图进行文档编制。

学习目标 4-5：说明并运用系统上下文。

- 能够区分功能和技术上下文。

学习目标 4-6：对架构横切关注点进行文档编写及沟通协调。

- 能够说明横切技术概念和架构概念的重要性，并能够说出几种典型的概念。
- 知道横切概念可以在不同的系统中复用。

学习目标 4-7：对接口进行描述。

- 能够编制接口说明及规范。
- 能够区分内部和外部接口。

学习目标 4-8：对架构决策进行解释并进行文档编写。

- 能够对架构决策的系统化推导进行文档编制并提供依据。

学习目标 4-9：理解如何使用文档作为书面的沟通协调工具。

- 用于软件架构说明的各项工具也可支持软件架构的设计和开发。
- 技术文档的语言和表现方式应当与读者的能力和目的保持一致。

学习目标 4-10：了解其他用于文档编写的辅助工具。

- 了解几款成熟软件架构说明框架的基本情况，例如 4＋1、TOGAF®、ISO/IEEE-42010(原 1471)、arc42 等。
- 熟悉软件架构检查清单的各项概念和示例(另请见第 5 章)。
- 熟悉用于架构文档编制和维护的各项工具(另请见第 6 章)。

5 软件架构与质量

软件架构分析的目的是通过对软件系统的结构和概念方案进行分析，根据已知需求对软件的质量作出评估。架构分析可支持开发人员、架构师及其他相关人员对质量进行维护和提升，同时能够提供软件系统中各组件及其相互依赖关系的概况。

除架构分析外，还有其他很多经典方法可以用来保障软件架构的质量。例如代码和架构审查、数据和流程分析，以及测试(性能测试、负荷测试、压力测试等)。我们在这里就不对这些质量保证方法一一介绍了。

通过软件架构分析，可以实现对软件项目的质量随时进行评估，进而可发现风险，促成质量改进措施的形成。如果质量评估不到位、架构检查不充分，则会在软件开发过程中导致巨大的损失。

除了有助于开发结构和概念方案外，架构分析还可以确定质量特性的实现程度。

各种规模架构的持续质量评估都离不开架构分析及其方法。通过使用自动化的工具，可以为架构师节省大量时间，但工具仅适用于纯代码分析。因此不能作为唯一且充分的解决方案。一个不良的架构后期要重新修改会耗费大量的时间和成本，而架构分析则可以帮助我们解决架构易修改性方面存在的风险，还可以解决所有质量特性方面的风险。

图 5-1 所示为架构分析是如何与架构商业周期(Architecture Business Cycle, ABC)相结合的。

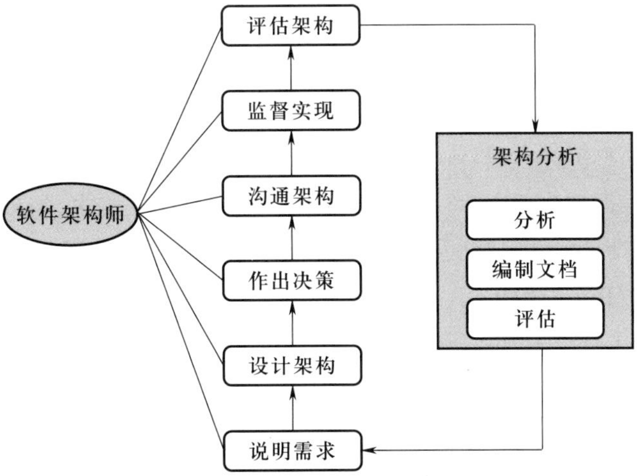

图 5-1 架构分析与架构商业周期的结合

架构分析的各组成方面可以归纳为一系列分析方法、评估活动以及文档编制工作。架构师需要相应地有目的性地使用这些部分对当前架构的特性作出评估、文档编制以及沟通协调。

5.1 对应 iSAQB®课程大纲

以下是摘自 iSAQB®课程大纲[isaqb-curriculum]中“软件架构与质量”一节的部分内容。

5.1.1 学习目标

- 学习目标 5-1:讨论各质量模型和质量特性。
- 学习目标 5-2:定义软件架构的质量要求。
- 学习目标 5-3:开展软件架构定性评估。
- 学习目标 5-4:理解软件架构的定量评估。
- 学习目标 5-5:理解质量目标应如何达成。

5.2 软件架构评估

软件项目中需要评估的内容原则上有以下两类:

- 过程,如开发或运营流程;
- 工件,如需求、源代码或其他文档。

有些工件(例如源代码)可以采用定量评估(即以数字形式进行评估),有些工件可以避开纯粹的数字评估而根据其自身性质或质量进行定性评估。

5.2.1 定性评估

在软件架构质量评估方面存在着很多质量指标和质量模型,涵盖了软件系统的不同方面。这些质量模型关注质量特性的需求,因此构成了评估和分析的基础。

在架构的定性评估过程中,可以结合不同的信息源,例如需求,特别是质量树图及质量场景、架构和设计模型、源代码及各类指标的形式。

5.2.1.1 DIN ISO/IEC 25010

根据 DIN ISO/IEC 9126 [ISO/IEC 9126]的定义,软件质量是指软件产品的特征及相关特征值的总和,这些特征的特征值与产品满足指定或预期要求的资质有关。

在 2005 年,250××系列标准中最新的 DIN ISO/IEC 25010 [ISO/IEC 25010]对这一标准作了更新。其正式标题为《系统和软件工程——系统和软件质量要求与评价:系统与软件质量模型》。

为了确保软件项目的成功最大化，应时刻严格把控质量。对于面向对象的软件开发，就要求对项目进行评审之外，还要包含单元测试和回归测试，以及架构分析。

各类质量模型都应该通过细化和具体化使软件质量的概念可以被测量。

5.2.1.2 质量特性

新版的ISO/IEC 25010标准对ISO/ IEC9126中列出的六项主要特性作出了两点补充，额外增加了信息安全性和兼容性这两个新的特性。另外还添加了以下一些子特性，并修改了其他一些特性的名称。

■ 功能性

软件是否具备足够的功能来实现指定及预设的需求?

■ 可靠性

软件是否能在规定工作条件下，于指定的时间段内维持其性能水平?

■ 易用性

程序是否便于学习和使用? 软件对于用户的吸引力和用户友好程度如何?

■ 性能效率

从资源、请求及处理响应时间以及存储空间等方面看，软件作为对特定问题的解决方案的经济性如何?

■ 信息安全性

数据保护水平如何? 未经授权人员或系统是否能够读取或更改数据? 是否不拒绝被授权的人员或系统访问数据?

■ 兼容性

是否允许两个或以上的系统或组件彼此交换信息，或在共享同一硬件或软件环境的情况下执行所需功能?

■ 维护性

在修正错误、实施改进或针对环境改变作出适应方面所需的工作量如何? 易复用性水平有多高? 软件在避免不希望出现的副作用前提下进行修改的稳定性如何?

■ 可移植性

软件是否可以在其他(硬件和软件)系统上使用?

以上这些主要特性都通过不同的子特性作了细化(表5-1)。

表5-1 ISO/IEC 25010 [ISO/IEC 25010]规定的质量特性

功能性	■ 功能完备性 ■ 功能正确性 ■ 功能适合性	信息安全性	■ 保密性 ■ 完整性 ■ 抗抵赖性 ■ 可核查性 ■ 真实性

（续表）

可靠性	■ 成熟度 ■ 容错性 ■ 易恢复性 ■ 可用性	兼容性	■ 共存性 ■ 互操作性
易用性	■ 易理解性 ■ 易操作性 ■ 易学性 ■ 用户界面舒适性 ■ 易访问性 ■ 用户差错防御性	维护性	■ 模块化 ■ 可复用性 ■ 易分析性 ■ 易修改性 ■ 易测试性
性能效率	■ 时间特性 ■ 资源利用性 ■ 容量	可移植性	■ 适应性 ■ 易安装性 ■ 易替换性

5.2.1.3 其他质量特性

作为其他质量特性的示例之一，可扩展性是指硬件和软件适应需求数量增加的能力。扩展分为纵向扩展和横向扩展。纵向扩展是用性能更加优越的解决方案来替代当前系统（如升级服务器或将服务器更换成性能更强大的型号）；横向扩展是给系统额外增加硬件资源（如添加服务器）。根据实际目的不同，软件系统还可以有跟利益相关方相关的其他“特性”作为质量特性。

虽然这些特性有时候被认为是“不言而喻”的，但作为相关质量特性，还是应当明确进行文档记录。只有明确文档记录的特性才能建设性地用于提升质量且保证透明度。软件架构师对整体系统的质量负有责任。因此，要求明确且具体的质量特性或积极调整改造已有的质量特性是十分必要的。

5.2.1.4 具体质量特性的作用

系统的各个质量特性或属性会对彼此产生广泛的影响，例如：

- 简约性可提高易理解性；
- 信息安全性可能会降低可用性——例如当特定功能只能在特定网络内使用的情况；
- 灵活性可能会降低易测试性，其原因在于提高的灵活性在运行时（例如影响易配置性）会导致系统复杂度提高，从而需要进行更多测试；
- 在大多数情况下，适应性和灵活性与提高性能的需求存在冲突；
- 提高性能的需求又会转而给项目的准时完成带来阻碍。

出于这些原因，通常需要针对具体软件的情况权衡各个质量要求的优先级。

5.2.1.5 策略与实践方法

那么，具体的质量特性应当如何实现？

在给具体质量特性制定解决策略这个方面不存在通用的方法。作为架构师，需要根据具体的情况和背景，在设计视图和技术概念方案的同时制定相应措施。

以下几节将提供一系列用于实现具体质量特性的策略与实践方法作为示例。这些策略虽然有帮助，但不一定适用于所有情况。

如前文所述，各个质量特性会同时影响彼此。例如，提高性能的需求会影响系统的灵活性、存储空间的需求或项目的按时完成。在这种情况下，则可以采用以下六种策略：

- 执行负荷测试；
- 提供额外硬件(例如增加内存)；
- 放弃分布式；
- 引入冗余；
- 减少系统组件通信；
- 降低系统灵活性。

当然还有很多其他策略，此处并未一一列出。例如，一些情况下，可以通过提高分布式来提高性能。再例如，更大的灵活性可能意味着运行时优化器可以提高性能。

如前文所介绍，提高灵活性和适应性的需求一般与提高性能的需求之间存在冲突。因此，需要知道系统的哪些方面需要灵活，例如：

- 功能；
- 数据结构或数据模型；
- 使用的第三方软件；
- 与其他系统的接口；
- 用户界面；
- 目标平台。

一旦回答了这个问题，就可以帮助我们缩小确定系统必要灵活性的目标范围。接下来就可以创建不同的场景来检查不同替代架构的适用性。

以下五项措施有助于提升系统的灵活性。

(1) 使用“信息隐藏”原则：

- 对外界隐藏组件的内部细节；
- 引入额外的抽象层。

(2) 减少依赖。

(3) 将修改尽可能控制在局部，并限制在最低数量的构建块范围内。

(4) 尽可能对系统组件相互解耦：

- 构建块之间仅通过接口进行通信；
- 使用适配器、外观或代理对构建块进行解耦。

(5) 提高代码的易理解性。

但是，这些策略都有各自的局限性，无法适用于所有情况。因此，它们的意义仅限于作为基本理念介绍如何实现特定的质量特性。

另外不得不提的要点就是可追溯性。对于质量为导向的软件开发工作，这一特性具有不可或缺的重要意义。系统的所有需求都必须能够向前及反向追溯，即从源头（到描述、规格说明及实现）直至验证的全过程追溯。

下面的两项属性对于实现可追溯性非常必要：

■ 所有需求必须能够清晰识别；

■ 选定信息收集和管理的类型、时机、职责（责任）以及工具支持。

5.2.2 定量评估

除定性评估外，定量评估能够以数字形式对架构的工件情况进行衡量。长期坚持持续执行定量评估并妥善进行记录可以给系统的结构变化提供有效的指示。但是，定量评估对于系统的易操作性或运行时质量无法提供有效信息。为了方便比较，定量评估的结果同样需要有功能和技术背景。不过，软件的定量评估（尤其是对源代码的定量评估）有助于辨识系统内的关键元素。

用于架构质量保证的定量方法包括：

■ 用于架构各方面内容衡量和评估的指标，例如依赖关系（Incoming and Outgoing Dependencies），或复杂度（循环复杂度）；

■ 侧重于过程的分析（例如对修改频率变化的分析）；

■ 用于检查架构实现正确性的分析（例如检查代码是否遵循了架构规则）；

■ 对软件资源库的分析（例如检测是否有重复代码）。

5.2.2.1 架构合规检查

设计和实现工作都要遵循系统软件架构提出的各项特定约束和限制。例如，架构的不同层级限制了源代码中允许的关系数量和源代码导入的可能性。因此，遵守“架构规则”并要求设计与实现符合架构（标准）就具有很重要的意义。但是，检查架构标准的遵循情况并非一件易事。根据项目性质和系统规模的不同，可能会涉及很多不同的架构规则。

架构实际构成了软件系统的框架（或基本结构），并约束和限制其设计和实现。例如，架构的逻辑层级限制了 UML 设计模型中可能的关系数量，以及源代码中类之间的依赖关系程度。

在检查架构规则遵守情况以及架构评估方面有一系列的工具可以采用。通过配置，这些工具可用于根据已制定的架构规则评估代码的遵守情况。

第 6 章中会对部分静态分析工具作深入探讨。

5.2.2.2 指标

对于一个项目及其源代码，我们可以制定出大量的指标。下面是部分示例。

（1）需求

■ 每单位时间修改的需求数量。

（2）源代码

■ 依赖程度（耦合）；

- 代码行数；
- 注释数量与程序行数的比例；
- 静态方法数量；
- 复杂度(可能执行路径的复杂度——有关循环复杂度请见第 5.2.2.3 小节)；
- 每个类的方法数量；
- 继承深度。

(3) 软件生产过程

- 每单位时间实现/测试完成的功能数量；
- 每单位时间新增代码行数；
- 会议时间与总工作时间的比例；
- 预估工作日数量与所需工作日数量的关系(每个工件)；
- 管理人员与开发人员和测试人员数量比例。

(4) 错误

- 修改一个错误的平均耗时；
- 每个包中发现的错误数量。

(5) 测试

- 测试用例数量；
- 每个类/包的测试用例数量；
- 每个需求的测试用例数量(测试覆盖度)。

(6) 设计

- 传入的依赖关系(Incoming Dependencies)；
- 发出的依赖关系(Outgoing Dependencies)；
- 不稳定性；
- 抽象度；
- 距离。

(7) 系统(全部或部分完成)

- 处理特定功能或用例的资源消耗或所需时间等性能特性。

5.2.2.3 循环复杂度

循环复杂度也称为 McCabe 指标(M)，是在 1976 年由托马斯・麦克凯(Thomas J. McCabe)[McC76]推出的。

其可展示一个软件模块中相互独立的路径数量，计算公式为

$$M=e-n+2p$$

其中，e 表示图形的边数量；n 是图中的节点数量；p 是控制流图的数量(每个功能/过程一张图)。

McCabe 值是对模块复杂度的衡量。它表示了通过模块的可能路径的数量下限，以

及覆盖控制流图所有边所需的测试用例的数量上限。

一般来说,循环复杂度越低,则表示模块的理解、测试及维护越容易。较高的循环复杂度意味着模块比较复杂,测试比较困难。但是,如果降低复杂度的难度很大,或尽管McCabe值很高但模块仍然比较容易理解(例如存在大范围的Switch语句),则循环复杂度过高也可接受。

5.3 原型及技术概念论证

在软件开发项目中可能产生很多不同类型的问题。例如利益相关方可能无法明确制定需求(尤其是无法完整确定需求),或系统使用者和开发人员之间无法顺利协作。通常,这二者之间的协作在分析和设计阶段就会结束,因为随后开发部门会退出协作,仅会在软件完成时才提交工作成果。

团队之间的有效协调对于保证团队间的相互学习、了解至关重要。各种解决方案都需要实验性尝试并与客户进行探讨,有的需求不能仅通过理论说明就保证实现(例如一些实时性的需求)。因此,在系统的定义阶段完成之前,有必要以原型系统的形式对项目的各个方面作出评估。

5.3.1 技术概念论证

技术概念论证的作用是通过实现原型来澄清可能出现的任何技术问题。通过技术论证可以确定技术组件之间的交互和协作是否可以正确执行。与原型不同的是,系统在实际环境下的功能不包括在技术概念论证的范围内。

5.3.2 原型

原型是所规划产品或部件的简化实验模型,其中包含了实现设计目的所需的全部必要功能。原型可能仅会在外观或特定技术层面与所规划最终产品相对应。一般来说,原型通常用于批量生产的准备工作,但也可以单纯作为用于展示特定概念的一次性产品。

5.3.2.1 软件原型的应用

在软件开发领域,软件原型可以展示目标应用程序的特定功能在实际使用情况下的表现。它可以帮助我们更好地阐述并演示相关的各项需求和/或开发问题。原型软件可以给使用者提供重要的试用体验,从而形成讨论和后续决策制定的基础。这一过程[称为"原型设计(Prototyping)"]可以快速产出成果,并对解决方案的适用性提供早期的反馈信息。早期反馈有助于降低开发风险,并让质量保证能够从一开始就介入软件开发的流程。依靠适当的辅助工具可以加速原型设计的流程。加速后的这一流程可以称为"快速原型设计"(Rapid Prototyping)。

除了前面提到的各项好处，原型设计也存在一些问题。它往往会增加开发的工作量（原型设计一般需要在实际应用程序之外单独开发）。另外，还存在按计划“废弃”的原型未被抛弃，反而变成了次优解决方案的风险。除此之外，原型可以看作高质量文档编制的替代方案，这一点经常被开发人员所忽视。

5.3.2.2 软件原型的类型

软件原型的类型包括以下几种。

- 演示原型一般用来获取订单，并让各相关方了解最终产品的大概情况。重要的是，这一类型的原型务必在后续废弃掉。
- 狭义原型需要与其相应领域的应用程序建模并行开发，其会展示用户界面或各功能元素的不同方面。这一类型的原型主要用于分析目的。
- 实验室样本是一种实验性质的原型，其作用是回答于构建相关的问题和作为备选替代方案。
- 在演化式原型设计过程中，开发的试验系统（先导系统）本身已经是产品的核心原型。在此之后，将在产品使用者介入的情况下，逐步循环式完成从原型到产品的后续开发。在开发的过程中，原型和产品之间的界限将逐步消失。由于试验系统最后很可能会用到最终产品当中，因此其需要有全面、彻底的设计。它不会被废弃，而是会被重复使用。

5.4 架构分析

除架构审查、单元测试、验收测试及回归测试之外，架构分析也是辅助软件架构师日常工作的重要工具。它可用于对软件架构进行质量评估。对于架构分析，除了使用适当的质量模型及定义功能过程之外，最重要的前提条件之一就是需求分析及架构目标分析。

架构分析的结果可以基于例如稳健性、可用性或信息安全性等特定的质量标准进行评估。这些标准必须在需求制定阶段的早期明确给出并排定优先级。

5.4.1 ATAM 方法

架构权衡分析法（Architecture Tradeoff Analysis Method，ATAM）是一套针对定性架构评估的系统性方法。它是由卡耐基梅隆大学软件工程研究院开发制定的，可以用来协助为目标系统选取适当的架构。

在架构评估领域，目前 ATAM 是主导方法。

（1）ATAM 的优势：

- 能够给出明确的质量要求；
- 能够提高架构文档编制水平；

- 可以作为架构决策的书面依据；
- 有助于早期识别风险；
- 提高相关各方之间的沟通效果。

(2) ATAM 的使用前提：

- 有系统架构师(或技术联络人)；
- 有架构文档；
- 有面向客户的功能联络负责人或客户。

5.4.1.1 评估流程

ATAM 将软件架构的评估流程分成四个阶段(图 5-2)。

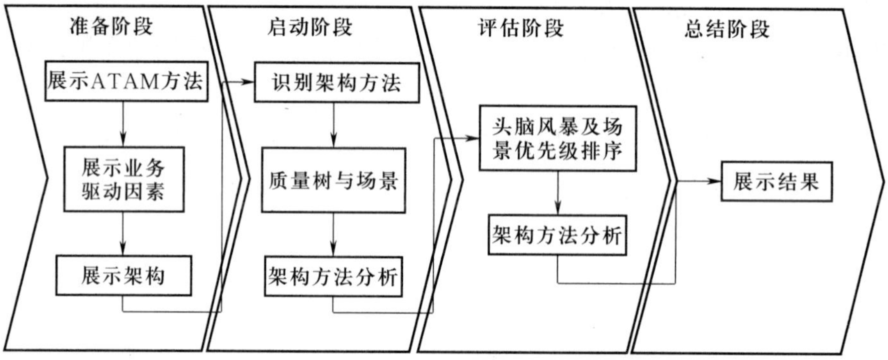

图 5-2 评估流程

在架构评估的第一步中，需要由客户或委托方由少变多逐步敲定整体评估流程的利益相关方。通常来说，在这一步需要组成一个至少包含管理层人员及项目管理人员的小组。

在确定评估目标之前，需要在评估启动阶段面向各利益相关方对评估方法进行简短的展示。参与评估的所有人员都需要清楚评估的目的是确认风险点(及非风险点)以便规划适当的措施。此外，客户需要给出系统的业务目的以作评估。

之后，负责的架构师应当对系统架构进行简短的演示，演示内容应包括系统的完整环境(包括所有相邻系统)、顶层的构建块以及最关键的用例或变更场景的运行时视图。

在此之后，利益相关方应汇总并确定基本要求的质量特性，并在质量树中进行分层排列。在评估小组开始正式评估工作之前，利益相关方还需要对最重要的质量目标作出场景说明。

场景分析完成后，应当将决策按下面四个方面进行分类(图 5-3)。

- 风险点：风险点是在不同情况下可能威胁业务目标实现并造成不同问题的架构要素。
- 敏感点：在架构的敏感点上，即使是进行极其细微的修改也可能造成具有广泛影响的后果。因此，敏感点是架构中保证质量特性实现的关键组成部分。

- 权衡(折中)点:权衡点会指出设计决策是否会(或会如何)同时影响多个质量特性。
- 非风险点:哪些场景在所有情况下均可实现(即无风险)。

风险点可以按照其如何给业务目标带来不同威胁归纳成不同的风险主题。

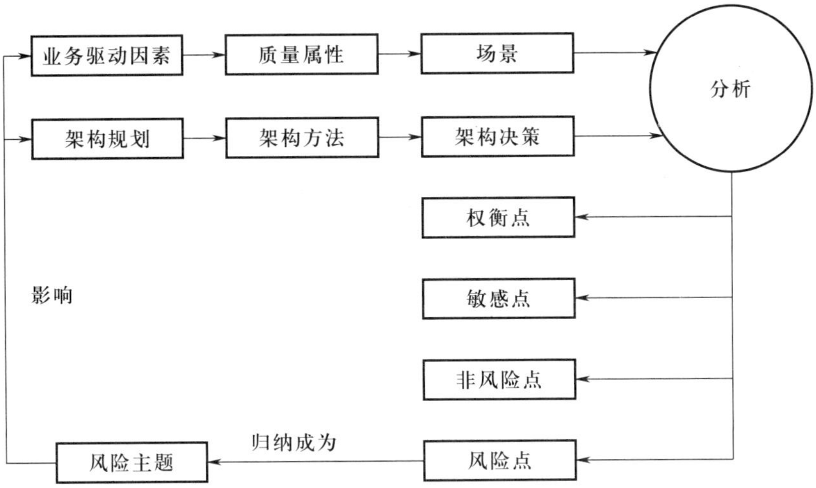

图 5-3 ATAM

来源:卡耐基梅隆大学软件工程研究院

5.4.1.2 创建质量树

质量树可对系统特有或产品特有的质量要求进行分层细化(图 5-4)。树的顶层是主要标准,底部则由更为具体的要求组成。质量树的"叶子"是以尽可能具体、详细的方式描述各质量特性的场景(见 5.4.1.3 小节)。

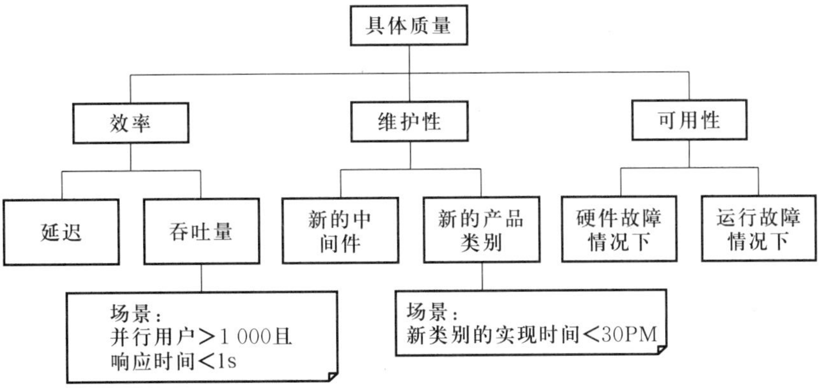

图 5-4 质量树分层结构

各质量特性及其场景需由主要的利益相关方根据各自的业务利益情况进行优先级排序(图 5-5),同时也要由架构师根据其各自的技术复杂度进行分类。这样,在实际评估过程中就可以了解不同场景的优先顺序,从最重要的场景入手。

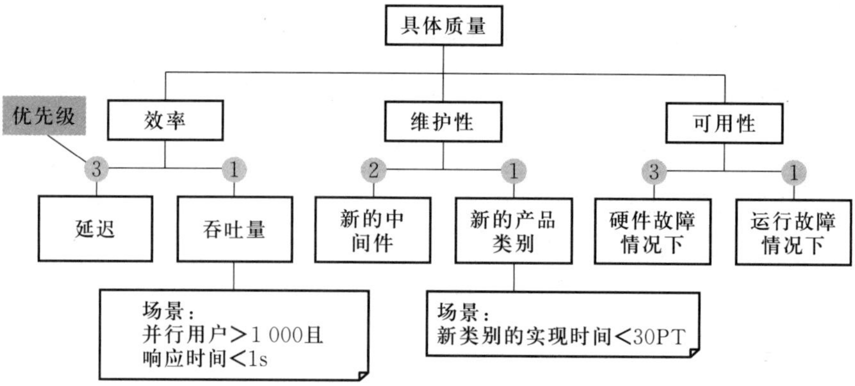

图 5-5　质量树内的优先级排序

关于质量特性[①]的具体架构评估工作通常需要与架构师一同以小组形式展开，评估按优先级顺序进行。

评估过程需要回答一系列不同的问题：

- 为实现场景，已制定了哪些架构决策？
- 哪种架构方法可支持场景的实现？
- 达成了哪些权衡折中方案？
- 其他质量特性或架构目标是否会受影响？
- 存在哪些风险？
- 有哪些分析、原型或调查评估结果支持该决策？

在评估完成时，应当掌握下列不同要点的大概情况：

- 架构在给定场景和特定架构目标方面的质量情况。
- 与最重要场景实现方面相关的风险。
- 可用于消除风险的（潜在）措施。
- 可以无风险实现的场景。

5.4.1.3　场景

在 ATAM 方法下，质量特性应该通过场景的形式进行描述（基于场景的架构评估）。这些场景会对系统在特定情况下的响应情况进行说明，对利益相关方与系统的交互特性进行描述，并使得对质量特性达成过程所涉及的风险可以进行评估。这些场景也用于准确说明项目参与各方对特定质量特性（例如可靠性）的理解。

5.4.1.4　场景类型

场景的类型包括应用场景、变更场景以及压力或极限场景。

- 应用场景用于描述系统在运行时对特定刺激的响应情况。其中包括与效率和/或性能

① 严格来说，评估的对象是各个场景实现的相关风险。

相关的场景。

- 变更场景用于描述系统或系统直接周边环境变更时会发生的情况，例如，实现额外功能时。
- 压力或极限场景用于描述系统在极限场景下的响应，例如，发生电力故障时。

5.4.1.5 场景的组成部分

场景一般由下列主要组成部分构成(摘自[HS11]。列表原文来自[BCK03])。

- 刺激(触发)：是指因利益相关方与系统间的特定交互所触发的特定事件，例如，当用户调用某个功能或系统部分出现故障时。
- 刺激(触发)源：是指刺激(触发)因素的源头。
- 环境：是指系统在触发因素发生的时间点时的状态。
- 系统及其环境：特别包含受触发因素影响的系统组件(工件)。
- 响应：是指系统因其架构对触发因素作出的反应。
- 响应指标：是指用于测量或评估系统响应质量的评估模型。

图 5-6 所示为场景中各组成元素的概览。

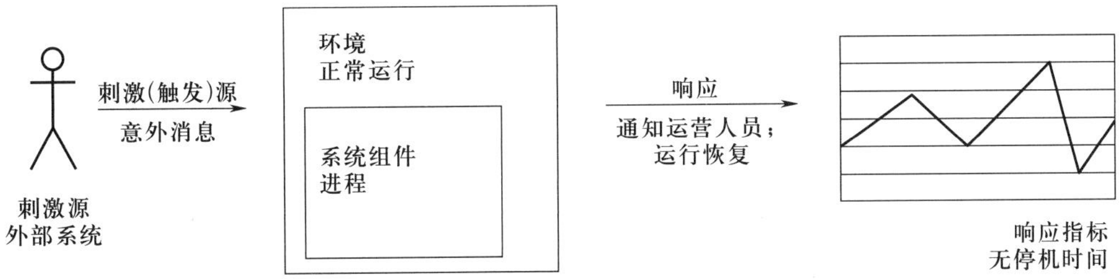

图 5-6 场景的各元素

下面是几个通过场景来明确质量要求的范例。

(1) 应用场景

- 在系统正常运行期间，对价格查询的响应必须在 5 s 以内反馈给终端用户。如果系统运行负载较大(例如在年底期间)，允许响应时间最长不超过 15 s，但在此情况下必须事前向用户展示相关提示消息。
- 在首次使用系统时，对系统无预先了解的用户应能够在 15 min 内顺利找到并使用所需的功能。
- 如果输入框中输入了无效或错误的数据，系统必须输出相关的特定提示信息并继续正常工作。

(2) 变更场景

- 新功能的开发必须保证能够在 30 个工作日内完成。
- 必须能够在 30 个工作日内完成对新版浏览器支持的编程和测试。

(3) 压力或极限场景

- 如果在正常运行期间，CPU 断电，则备用系统必须在 15 min 内上线。

■ 如果数据库系统故障，系统应能以要求的性能继续运行。

表 5-2 列出了性能相关的场景的部分示例元素。

表 5-2　性能相关的场景示例元素

刺激(触发)源	内部或外部
刺激(触发)	任意事件：周期性的、零星的、随机的、有针对性的
环境	正常运行、高负载、过载
系统工件	整体系统
响应	触发因素对执行行为的影响(触发因素发生后，系统是否能够完整使用或者只能部分使用？功能和数据是否可以完整使用还是只能部分使用?) 触发因素对系统运行时行为的影响(触发因素如何影响响应时间和资源使用?)
响应指标	延迟、反应时间、吞吐量、错误率、丢失数据量或不可用功能的数量、系统可访问性的波动

表 5-3 列出了可靠性相关的场景的部分示例元素。

表 5-3　可靠性相关的场景示例元素

刺激(触发)源	内部或外部
刺激(触发)	系统部分故障、停用或遗漏；系统服务的正确或非正确使用
环境	正常运行或特殊(受限)运行条件
系统工件	整体系统或任意组件部分
响应	■ 系统发现故障并进行修正；通知负责人，并关闭或替换故障组成部分。 ■ 触发因素造成系统(或某组成部分)进入错误状态或禁用功能
响应指标	■ 系统的必须可用时间或恢复的最大允许耗时。 ■ 错误(错误行为)从被发现到被修正的时间。 ■ 系统可维持在受限运行状态或错误状态的持续时间

5.5　知识测试

下面是从 iSAQB® 课程大纲[isaqb-curriculum]“软件架构与质量”一节中摘录的部分详细内容，可以帮助读者巩固已学知识。

学习目标 5-1：讨论各质量模型及质量特性。

■ 能够明确对“质量”(如[ISO/IEC 25010]中所用)和“质量特性”这两个词汇作出阐述。

■ 能够对质量模型(如[ISO/IEC 25010])作出阐述。

■ 能够明确解释各质量特性之间的相互关系和依赖。

学习目标 5-2:定义软件架构质量要求。

- 能够对软件和软件架构制定质量要求。
- 能够对如何创建场景和质量树作出明确说明并实施。
- 能够制定示例软件质量要求。

学习目标 5-3:开展软件架构定性评估。

- 熟悉并能够使用系统性方法分析和评估软件架构。
- 熟悉如何使用 ATAM 方法对软件架构定性评估。

学习目标 5-4:理解软件架构的定量评估。

- 熟悉用于架构评估的各项指标(例如代码行数或循环复杂度)及其他衡量工具。

学习目标 5-5:理解质量目标应如何达成。

- 能够说明并使用各种策略、实践方法及技术方法达成软件系统中的下列重要质量目标:

  -效率/性能;

  -维护性、易修改性、可扩展性和灵活性;

  -识别相关风险。

6 软件架构师常用工具

有很多不同类型的工具可以帮助软件架构师开展工作。本章将介绍这些工具的类别，并提供选择专用和/或典型工具的决策标准。

6.1 概述

参加 CPSA-F® 考试不要求读者了解特定的典型工具或产品。考试主要侧重考查工具的类别和选用标准（在现实工作中，各位软件架构师自然有机会学习如何使用适当的工具，但这方面内容不在本书范畴内）。本书中介绍的工具示例均是在本书编制时期最新且适用的工具。

作为软件架构师，在选择工具类型时往往会面临很多典型的“全盘”要求。对于工具，我们当然希望其能够在全面、可靠完成目标任务的同时，尽可能不给其他方面带来显著的影响。

除此之外，在工具的选用上，还有以下两个方面需要特别注意。

6.1.1 成本

商业化的工具价格琳琅满目，收费体系也不尽相同。其付费方式包括统一价格一次性付费购买、按系统规模或操作和/或开发环境定价、许可证定价加常规维护收费、付费租赁等。软件工具供应商提供了多种多样采购合同的可能性，选择一个适当的采购模式也是工具选择的重要流程之一。

除软件自身的成本之外，还需要考虑到管理和运营成本，以及学习和培训成本。有些情况下，仅培训成本就可能远超很多软件许可证的购买价格。

6.1.2 许可证及许可条件

作为软件架构师，我们需要清楚主流的许可条件，尤其是对于免费软件和开源工具的使用。

对许可相关的法律此处不作赘述。以下三点列出部分可行的许可方案。

- 有些软件许可证或许可证类型允许无限制免费使用所提供工具，无论使用该工具创建的系统性质或目标市场如何。
- 也有部分许可模式仅允许免费用于非商业目的。对于使用此类工具所创建的系统，如果要用于出售或已采用了其他付费形式，则工具的使用将会受到限制。

- 还有一些许可模式要求使用其工具所创建的系统必须与该工具采用同一许可证进行分享。这就会导致无法对自主开发的软件进行出售，只能将自主开发软件（及其源代码）免费分享。

相关法律选择的范围很广，如果没有相关的专业知识，理解起来会有困难。因此，如果有疑问，请务必在使用任意工具（或者框架或库）之前咨询专业的法律意见。出于这部分原因，大部分大型软件企业组织都有自己的许可证管理部门专门负责处理类似问题。

警告：如果违反许可证使用条款，则所创建系统的某些恶意使用者、竞争对手或其他方面可能会提起诉讼（或提出警告），从而很可能耗费高额的成本和大量的精力去处理。需要严肃对待这一风险，并在使用外部工具、库及框架前声明许可条件。尤其是开源工具，对于通过其所创建产品或系统的商业化方面往往会提出严格的使用条款。

6.2　需求管理工具

不论是新的开发项目还是对已有系统进行修改，需求管理都需要贯穿整个系统开发生命周期。

除了收集需求外，需求管理流程还包括对各项需求的管理。需求管理的目标是让承包方和客户之间能够对所开发系统有一个共同的认识。需求管理所形成的文档通常会作为后续实现工作的合同基础，因此需要有一套明确的既定结构。

6.2.1　要求与决策标准

- 支持需求的收集和分析；
- 图文形式的需求展示；
- 需求管理；
- 减少冗余；
- 支持需求和架构之间的可追溯性；
- 团队能力；
- 版本和配置管理。

也可见 6.3 节。

6.2.2　需求管理工具所面临的挑战

- 很多目前的图形展示工具（如 UML 模型、思维导图或自由格式图表）都不允许或很难让多用户同时进行编辑。这就造成使用目前现有的工具合并示图的过程非常耗时且容易出错。

■ 版本和配置管理支持。

6.2.3 示例

■ CaliberRM（Micro Focus）；
■ Cameo Requirements（No Magic Inc.）；
■ CARE（SOPHIST GmbH）；
■ Enterprise Architect（SparxSystems Ltd.）；
■ in-STEP（microTOOL GmbH）；
■ Polarion® REQUIREMENTS™（Siemens）；
■ Rational DOORS（IBM）；
■ Rational RequisitePro（IBM）。

6.3 建模工具

建模工具可对软件和需求的功能和技术模型，以及需求领域和问题领域进行描绘。它可用于协助创建及维护对现实的图形化抽象。例如，这类工具支持从（抽象）业务流程出发，通过逐步细化形成越来越详细的对相关情况的表示。

6.3.1 要求与决策标准

■ 支持标准化建模方法，例如 UML、SysML、实体-关系模型、BPMN、状态图、皮特里网等；
■ 支持自由（非形式化）模型；
■ 支持不同的视图/模型类型（图示类型）；
■ 支持静态和动态建模；
■ 模型检查（验证、合理性检查）；
■ 分离图示与图示中所含对象，尤其是其他图示中对这些对象的复用；
■ 通过选中（或点击）模型元素时自动跳转到相关（细化）模型部分或图示，连接或汇总模型与图示；
■ 支持明确的元模型；
■ 能够手动或通过程序控制修改元模型；
■ 能够定义自己的模型语言（领域专用语言，包含图形形式的语言）；
■ 集成版本管理系统（如 Subversion、Git、Mercurial）；
■ 允许多用户及权限体系；
■ 从模型生成的（不同格式的）文档、文档的布局和结构可配置或可编程
■ 源代码逆向工程。

6.3.2　建模工具面临的挑战

- 很多目前的图形展示工具(如 UML 模型、思维导图或自由格式图)都不允许或很难让多用户同时进行编辑。这就造成使用目前现有的工具合并(Merge)示图的过程非常耗时且容易出错。
- 注释通常不适合非技术型利益相关方查看。
- 通常情况下,与软件开发环境的整合较差或缺失,造成开发人员接受度较低。

6.3.3　示例

- ArgoUML (开源);
- ARIS (IDS Scheer);
- Enterprise Architect (SparxSystems Ltd.);
- Innovator (MID GmbH);
- MagicDraw (No Magic);
- PowerDesigner (SAP SE);
- Rational Software Architect (IBM Rational);
- StarUML (开源);
- Visual Paradigm (Visual Paradigm International)。

6.4　生成工具

生成工具可以在抽象描述的基础上生成任意工件。例如:

- 基于 UML 类模型生成不同编程语言下的类和方法主体;
- 基于数据模型生成用于特定数据库系统的 SQL 或 DDL 语句、测试数据或数据访问模块;
- 基于形式化语法生成词典和分析器;
- 基于 XML 模式定义(XML Schema Definitions,XSDs)生成能够读取或编写特定 XML 概要的编程语言编写的类或函数;
- 基于源代码创建相关文档;
- 基于文本描述中的图片创建相关的以 JPG、PNG 或矢量图形式存在的图片文件。

6.4.1　要求与决策标准

- 独立于目标平台以及所生成工件的格式;
- 独立于输入数据/工件的元模型;
- 转换过程的灵活性;
- 安全关键应用程序的认证。

6.4.2 生成工具所面临的挑战

可自由定义的元模型及生成规则可以提高灵活性，但会牺牲简约性并增加成本。

6.4.3 示例

- ANTLR（开源解析器生成器）；
- AndroMDA（开源）；
- openArchitectureWare（开源）；
- 很多建模工具都可以基于模型或图示生成工件，例如表格和视图等数据库结构；
- 例如，Ruby on Rails、Grails 及 Spring Roo 等实现层的约定优于配置（Convention over Configuration）框架，能够基于抽象描述生成（代码）工件，因此也属于此类别。

6.5 静态代码分析工具

在进行静态分析时，源文本需要接受一系列形式化检查来确认应用程序是否存在违规及错误。这项工作可以手动进行，也可以借助工具。

工具可以帮助评估当前软件系统中的各质量特性（例如复杂度）。通过识别依赖关系，静态代码分析工具也可用于优化运行时效率。另外，其还能确定实现是否符合架构要求，例如，遵守允许依赖关系的规则方面的情况。

6.5.1 要求与决策标准

- 可自动化、能够集成进入构建流程；
- 报告功能：能够将结果处理成多种格式（HTML、RSS 等），包含可视化功能；
- 灵活的分析标准和指标；
- 支持多种编程语言；
- 定义包含及排除标准（即源代码的哪些部分应当分析、具体如何分析等）。

6.5.2 静态代码分析工具所面临的挑战

- 支持多种编程语言。
- 直接依赖（调用、包含）或间接依赖（依赖注入、通过数据结构依赖或通过运行时环境依赖）会在源代码中造成依赖关系和耦合。间接依赖的分析难度较大。

6.5.3 示例

- Application Intelligence Platform（CAST Software.Inc）；
- Coverity（Synopsys）；

- FindBugs（开源）；
- Fortify Static Code Analyzer（Micro Focus）；
- JDepend（开源）；
- SonarQube（SonarSource）；
- Sonargraph（hello2morrow GmbH）；
- Sotograph（hello2morrow GmbH）；
- structure101（Headway Software）。

6.6 动态代码分析工具

动态分析工具关注软件运行时的行为。该工具可通过分析和比较正在运行的程序，帮助开发人员找出问题或理解进程。

动态分析的目的包括：

- 速度测试；
- 特定系统部分相对于其他部分的时间测量；
- 内存使用测量；
- 统计分析(各系统部分的使用频率)。

6.6.1 要求与决策标准

- 对运行时行为、内存需求及 CPU 使用需求影响尽可能小；
- 呈现结果可理解，适合于目标群体；
- 同样适合于分布式系统。

6.6.2 动态代码分析工具所面临的挑战

- 其自身的测量过程会影响系统(类似于物理学的海森堡不确定性原理)。这一点在并行系统或进程中尤为明显。
- 由于动态分析产生的数据数量庞大，很快会变得难以理解。

6.6.3 示例

- AppDynamics（AppDynamics，Inc.）；
- IBM Security AppScan（IBM）；
- JBoss Profiler（JBoss Community）；
- JProfiler（ej-technologies）；
- JRat（开源）；
- Jtest（Parasoft）；
- Perf4J（开源）。

6.7 构建管理工具

构建管理工具可用于执行源代码和相关工件的版本控制自动化、编译、打包、测试及检查等工作，其中包括：

- 管理转译和转换任务（编译、链接、部署）；
- 持续集成管理；
- 依赖关系管理（见第 6.9 节）；
- 执行自动化测试并出具报告；
- 检查是否遵守结构规范和编程惯例。

6.7.1 要求与决策标准

- 构建过程可定义（即可根据系统具体情况定义必要的构建步骤）；
- 对传递依赖关系的最低限度（即一个构建的运行中需要重新转译和链接的文件数量）最少
- 集成版本和配置管理工具、代码分析功能、自动化测试执行及相关报告功能；
- 接合持续集成工具及过程；
- 支持不同的编程语言和工具；
- 构建过程的运行速度。

6.7.2 构建管理工具所面临的挑战

- 大型系统的构建管理比较占用资源；
- 构建的描述/定义需要与部署视图中的各项决策进行同步；
- 目前没有用于构建说明的既定标准语法/语言，大多数构建工具都采用自己的语言/语法；
- 很多系统都采用多种编程语言构建（多语言编程），其中混合了经过编译及解释的语言。

6.7.3 示例

- Apache Ant（构建工具，主要用于 Java 系统，采用 XML 进行任务描述）；
- Apache Buildr（用于多种 Java 虚拟机语言的构建系统）；
- Apache Ivy（支持 Java 构建，可后续从存储库中读取所需库的特定版本）；
- Apache Maven（用于多种不同构建任务的构建工具，可指定目录和文件结构，使用分层组织的 XML 文件进行定义）；
- Gant 或 Gradle（Groovy 中等价于 Ant 的工具）；
- Make、NMake（此类别的原始工具）；

- Rake(用于 Ruby 的 Make 工具)；
- Team Foundation Server(Microsoft 商用构建及代码管理工具)。

6.8 配置和版本管理工具

配置和版本管理工具主要可为软件架构师的下列工作任务提供支持：

- 对于配置中配置元素的分配和选取；
- 编制清单；
- 配置重构。

6.8.1 要求与决策标准

- 面向大型开发团队的可扩展性；
- 可处理任意形式的变体(分支、版本)；
- 可靠性和稳健性；
- 集成其他工具(例如,版本管理、问题与需求管理、构建工具、代码管理等)。

6.8.2 配置和版本管理工具所面临的挑战

- 配置和版本管理的基本概念通常取决于实际所使用的工具。
- 在大型系统中,即便有支持工具的协助,建立分支或合并分支的操作通常还是会很复杂,而且容易出错。不同分支的非文本工件(图示、模型、二进制文件)实际上基本不可能合并。
- 分段策略、开发、测试和操作环境之间的过渡、各环境之间的权限分配及类似的组织任务分配都非常复杂且没有标准解决方案。
- 易理解性(复杂度越高,配置或版本的处理会产生更多的错误)。

6.8.3 示例

- 用于源代码及文件版本控制的工具,例如 CVS、Subversion、Git 或 Mercurial；
- 用于管理开发流程中任意工件及它们依赖关系的不同版本的工具,例如 Apache Ivy、Maven/Nexus；
- Rational ClearCase (IBM Rational)；
- OMNITRACKER (OMNINET GmbH)；
- Perforce (Perforce Software)；
- Surround SCM (Seapine)；
- Team Foundation Server (Microsoft)；

6.9 代码管理工具

代码管理工具可支持架构师及开发人员进行源代码的创建、编辑以及理解，这类工具包括：

- 基于语法的编辑器；
- 可在保留源代码功能特性的同时，对源代码进行重构的重构工具；
- 调试工具（另请见 6.6 节及 6.7 节）；
- 集成开发环境。

6.9.1 代码管理工具所面临的挑战

- 面对较大代码库（多个大型文件）时的稳定性存在问题；
- 对不同编程语言的支持（包括混合语言）；
- 构建及部署工具的集成；
- 测试工具的集成。

6.9.2 示例

- Eclipse（适用于 Java 及其他语言的开源 IDE，主要适合基于 Java 平台的语言，但也支持 C＋＋、Erlang、Prolog 等，可通过插件进行灵活扩展）；
- IntelliJ（可作为开源及商用 IDE，可支持扩展多种语言，也可通过插件扩展）；
- NetBeans（是用于 Java 及其他基于 Java 语言的开源 IDE；可通过插件灵活扩展）；
- Visual Studio（用于 Windows 操作系统的 Microsoft 开发环境）；
- Xcode（用于 macOS 及 iOS 的 Apple 开发环境）。

6.10 测试工具

通过创建自动化单元测试及集成测试，可在早期阶段为软件架构师和开发人员提供有关各构建块结构及内部接口情况，以及构建块相互协作情况的反馈信息。测试人员通常是新创建构建块的首批使用者，其可针对构建块的创建、迭代和改进提供重要信息。测试工具，特别是单元和集成测试工具主要用于：

- 单元测试（例如，xUnit 衍生工具）；
- 运行时测试（例如，负载/性能测试、压力测试、稳健性测试）；
- 渗透测试、攻击场景；
- 测试用例、测试数据及测试结果的管理。

6.10.1 要求与决策标准

- 集成进入开发环境；
- 测试描述简单、可执行；
- 测试结果报告功能；
- 通过多次测试，收集测试结果，以便发现规律。

6.10.2 测试工具所面临的挑战

- 是否支持异构或分布式系统；
- 是否能够同步管理测试用例及其相关的测试数据（配置和版本管理方面的任务）；
- 是否能够自动测试用户界面；
- 是否能够模拟（Mock）尚不存在（或无法使用）但测试需要用到的外部系统。目前一系列的支持性模拟框架已经被建立。

6.10.3 示例

- 用于单元测试的 xUnit 框架（全部开源）；
- 验收测试工具（如 FitNess、Cucumber、Spock）。

详细的说明请见 http://www.opensourcetesting.org。

6.11 文档工具

文档工具的作用是支持软件架构师和开发人员长期开展决策、结构、概念及其他信息的沟通协调。此类工具包括用于编制、维护及生成文档的各类文字及图形工具。

6.11.1 要求与决策标准

- 适用于目标用户群体/项目团队；
- 可比较文档的不同版本或状态；
- 集成配置和版本管理功能；
- 最终文档符合公司或组织标准（例如符合企业组织版式或企业设计）；
- 能够给不同利益相关方针对性地生成文档；
- 能够简便地与软件的不同版本进行同步；
- 集成 Bug 或问题追踪系统。

6.11.2 文档工具所面临的挑战

- 系统完整生命周期的文档版本管理。

- 多用户功能,尤其是应对冲突处理的机制[针对大多数文字处理系统,差分(Diff)或合并(Merge)等在源代码中可以简单实现的操作对于文字处理仍然是一个主要问题]。
- 面向特定目标群体生成打印或电子格式的结果。这方面的考量因素包括版式和格式要求(例如企业组织标识或企业组织设计样式)、自动生成目录及关键词索引、遵循文档编制标准等。
- 避免冗余。保证所有信息都必须在单独的位置进行维护。源代码到模型(图示)再到文档的过渡过程仍然面临很多难点,但似乎"单一来源"(Single Source)方法有望补救这方面的问题。

6.11.3 示例

- 来自不同供应商的经典文字处理软件("office"系列产品);
- 可使用特殊字符/字符串将格式和语义信息以特定形式嵌入文本的基于标记的工具方法(DocBook、DITA、SGML、Markdown、Textile、XHTML);
- Wikis(目前有多种开源的 Wikis,例如 TWiki、MediaWiki 以及 TiddlyWiki(支持离线)或者 Confluence Team Collaboration (Atlassian);
- 多种建模工具可基于数据库/存储库生成文档。

6.12 知识测试

下面是从 iSAQB® 课程大纲[isaqb-curriculum]"软件架构师常用工具"一节中摘录的部分详细内容,可以帮助读者巩固已学知识。

学习目标 6-1:指出重要的工具类别并予以介绍。

- 能够列出并介绍最重要的几种工具类别,以及它们各自对于软件架构师工作的优势与缺点。

学习目标 6-2:根据需要选择适当的工具。

- 软件架构师的工作环境和所使用的工具取决于实际的条件、限制和不同影响因素。

附录A 问题示例

为了让大家对 iSAQB® CPSA®-F 的问题类型有一个初步的了解，本附录提供了部分问题示例。这些示例遵从于课程大纲，形式和结构上与考试题目相同，但是与真实考试问题并不相同。

A.1 考试规则简介

根据现行的 iSAQB®考试规则（https://www.isaqb.org/wp-content/uploads/2017/11/iSAQB_CPSA_ Foundation_Examination_Guide_EN_1.5.pdf），考试包含约 45 道多选题。每道题根据难易程度，分值为 1—3 分不等；每道题的实际分数会在题目标题上展示。基本原则是：回答正确得分；回答错误扣分。评分结果会在"问题类型"下方详细给出。

要成功通过考试，各位读者需要至少获得总分的 60%。

考试过程中不允许求助、使用工具或外部资源（例如培训材料、书本、电话等）。如果读者在考试过程中使用了除正式试卷之外的笔记本或其他纸张，则在考试结束时必须留在考场内。

考试期间严禁离开考场。

考试结果通知及重考：

认证机构会以书面或邮件形式通知各位读者考试结果。认证证书会由认证机构寄送到各位读者的家庭住址。

问题类型：

请注意，考题中经常要求您找出最适当的答案。有可能选项中其他答案也正确但适当性次之。目前问题类型有以下三种。

(1) 类型 A

单选题。对于这类问题，要求在给定的选项中选择唯一正确或者最适合的答案。选项未必一定完全错误，但是正确的选项一定是显而易见的。

(2) 类型 P

多选题。对于这类问题，需要从选项中选出题干指定数量的正确或最适合的答案。每选择一个正确答案，会得到相应的正分数。每选择一个错误答案，会倒扣相应分数。

如果未选择正确答案，则会被视为中性（不加分也不扣分）。

示例：请在下列选项中选择 2 个最适合的答案（2 分）。

- 情况 1：选择了 2 个正确选项并得到 2 分。

- 情况 2：选择了 1 个正确选项和 1 个错误选项，并得到 0 分（一个正确选择得 1 分，一个错误选择扣 1 分）。
- 情况 3：只选择了 1 个正确选项，并得到 1 分。
- 情况 4：未作任何选择并得到 0 分。
- 情况 5：选择了 2 个错误选项并得到 0 分。

（3）类型 K

判断题。对于这类问题，要求在 2 个（相互排斥的）选项中选择其一。

对于类型 P 和类型 K 问题，应特别注意。这两种类型的问题都有多个选项。每个选项会按照比例获得相应的分数。选择错误的选项会扣分。但是每道题的总分下限为 0 分。即如果一道题中选择了多个错误选项，仍会获得 0 分。如果选择了多于题干中给定数量的选项，则该题总分为 0 分。

如果对于类型 P 和类型 K 问题中的某个选项无法确定，应当避免盲目猜测，否则会导致倒扣分的情况。

A.2 问题示例

有关软件架构基本概念的问题示例如下。

[类型 P 问题]从下列选项中选择最适当的三个。

软件架构层级有哪些？

A）模块架构

B）基础设施架构

C）业务架构

D）业务流程架构

[类型 P 问题]从下列选项中选择最适当的两个。

创建软件架构的前提条件是什么？

A）需要选定一个编程语言

B）需要知道质量属性

C）需要知道影响因素

D）需求必须完整、一致

有关软件架构设计与开发的问题示例如下。

[类型 P 问题]从下列选项中选择最适当的三个。

哪些因素会影响软件架构的设计？

A）政治因素

B）企业组织因素

C）道德因素

D）技术因素

[类型 P 问题]从下列选项中选择最适当的三个。

下列哪些属于软件系统的用途类型或类别?

A）林奈系统

B）交互式线上系统

C）操作系统

D）实时系统

有关软件架构说明与沟通协调的问题示例如下。

[类型 K 问题]请判断每个选项正确与否。

在软件架构的沟通协调中可以用到哪些架构视图?

A）对于分离的关注点，数据视图或接口等构建块的各个方面可以定义为特殊的视图类型

B）系统上下文图示

C）运行时视图

D）构建块视图

[类型 P 问题]从下列选项中选择最适当的三个。

下列有关软件架构视图概念的表述哪些是正确的?

A）其是对现实的建模(抽象)

B）单个视图无法表现系统的整体复杂度

C）其可降低表现的复杂度

D）要表现整体系统，只需使用四种视图中的两种就足够了

有关软件架构与质量的问题示例如下。

[类型 P 问题]从下列选项中选择最适当的三个。

什么是质量模型?

A）质量模型制定了衡量软件质量的指标标准

B）质量模型可以将软件质量细分为逐个的标准

C）质量模型是确定正确评估方法所必需的

D）质量模型通过提供子理念方案来描述软件质量

[类型 P 问题]从下列选项中选择最适当的两个。

请指出两种著名的质量模型。

A）FURPS

B）芭芭拉·利斯科夫(Barbara Liskov)模型

C）GURPS

D）玻姆(Boehm)模型

附录 B　英文缩写对照表

ANSA	Advanced Networked Systems Architecture，高级网络化系统架构
API	Application Programming Interface，应用程序接口、应用编程接口
ATAM	Architecture Tradeoff Analysis Method，架构权衡分析法
BPMN	Business Process Model and Notation，业务流程模型与注释
CoCoME	Common Component Modeling Example，通用组件建模示例
CORBA	Common Object Request Broker Architecture，通用对象请求代理架构
CPSA®	Certified Professional for Software Architecture，软件架构专业人士认证
CPSA-F®	Certified Professional for Software Architecture-Foundation Level，软件架构专业人士认证——基础级
DDD	Domain Driven Design，领域驱动设计
DoDAF	Department of (US) Defense Architectural Framework，(美国)国防部架构框架
DSL	Domain-specific Language，领域特定语言
EPC	Event-driven Process Chain，事件驱动过程链
ER	Entity Relationship，实体关系
FMC	Fundamental Modeling Concepts，基本建模概念
FURPS	软件质量属性分类模型的首字母缩写，Functionality，Usability，Reliability，Performance，Supportability，功能性、易用性、可靠性、性能、易支持性
GoF	Gang of Four，四人组
GUI	Graphical User Interface，用户图形界面
iSAQB®	International Software Architecture Qualification Board
JDBC	Java Database Connectivity，Java 数据库连接
JET	Java Emitter Templates，Java 运行时模板
JRE	Java Runtime Environment，Java 运行时环境
MDA	Model Driven Architecture，模型驱动架构
MDSD	Model Driven Software Development，模型驱动软件开发
MOF	Meta Object Facility，元对象机制
MVC	Model View Controller，模型视图控制器

（续表）

MVP	Model View Presenter，模型视图演示器
OMG	Object Management Group，对象管理组织
OMG-MDA	Model Driven Architecture of the Object Management Group，对象管理组织的模型驱动架构
PAC	Presentation Abstraction Control，表示抽象控制
PIM	Platform Independent Model，平台无关的模型
PSM	Platform Specific Model，平台相关的模型
QoS	Quality of Service，服务质量
RMI	Remote Method Invocation，远程方法调用
RM-ODP	Reference Model of Open Distributed Processing，开放分布式处理参考模型
SAGA	Standards and Architectures for e-Government Applications，电子政务应用程序标准与架构，由德国联邦政府内政部支持开发
SEI	The Carnegie Mellon University Software Engineering Institute，卡耐基梅隆大学软件工程研究院
SOA	Service-Oriented Architecture，面向服务的架构
TOGAF	The Open Group Architecture Framework，开放组织架构框架
UML	Unified Modeling Language，统一建模语言
XSLT	Extensible Stylesheet Language Transformation，可扩展样式表语言转换

附录C 词 汇 表[①]

术语	解释/定义	来源
适配器(模式)	一种设计模式:可将一个类的接口与该类的使用者预期的另一个接口进行适配。适配器模式可以让本因接口不兼容而无法协作的类实现协作。 用日常生活物品举例:电源适配器可以让分别在欧洲和美国使用的不同类型的电源插座相互连接	[GHJ94]
聚合	是一种特殊的关系或关联。 在相关元素中存在“是……的部分”或“由……组成”的关系。见→构成,→关联,→关系	[Bal00]
arc42	一种用于软件架构说明和文档编制的免费提供的模板	
架构决策	会对→结构、概念、实现等造成持续或根本影响的决策。 例如:决策 A 会影响数据库技术或用户界面的技术基础	
架构说明	架构说明由多个架构层级构成。其中每个架构层级结合了多个视图共同构成一个描述元素	第 2 章
架构模式	“架构模式表达了软件系统的基本结构组织形式。它可提供一系列预定义的子系统、指定各子系统的职责(责任),并给出组织各子系统之间相互关系的规则和规范”(Buschmann+1996,第 12 页)。架构模式类似于架构风格。 典型示例包括: ■ 模型视图控制器(Model-View-Controller); ■ 分层模式(Layers); ■ 管道与过滤器(Pipes-and-Filter); ■ 命令查询职责分离(Command Query Responsibility Segregation,CQRS)	[BM++96]
架构风格	架构风格是系统架构的核心概念表示	第 2 章
架构目标	(同义词:架构质量目标、架构质量要求),是指系统需要实现的质量属性。质量属性一般被视为架构领域的问题。 架构的设计需要保证能够实现架构目标。相比(短期的)项目目标,架构目标通常具有长期特质	
架构视图	是从特定视角出发对系统的表示,较为重要且知名的视图包括: ■ 上下文视图; ■ 构建块视图; ■ 运行时视图; ■ 部署视图	第 2 章

① iSAQB® 软件架构术语词汇表可通过 Leanpub 查询,地址:https://leanpub.com/isaqbglossary/read.

（续表）

术语	解释/定义	来源
工件	也称制品，在软件开发过程中创建或生成的有形副产品。典型的工件示例包括用例、各类图示、UML 模型、需求及设计文档、源代码、测试用例、类文件、存档	
关联	是指对象之间的模型关系（一般是→构建块之间）。 每项关联都可以使用→基数和（角色）名称作进一步详细说明。 →关系，→依赖	[Bal00]
ATAM	架构权衡分析法。 是一种基于场景的软件架构定性评估方法，由卡耐基梅隆大学软件工程研究院开发制定	[BCK03]
黑盒	是一种隐藏构建块内部结构的视图。 黑盒遵循输入-处理-输出（Input-Process-Output，IPO）模型或模式。其最基本规范需要包括明确的输入和输出接口以及功能。此外，黑盒也可以定义质量特性/非功能性特性（如运行时间或次数）。 →白盒	
黑板（模式）	[BM++96]中的架构模式之一。 是指一系列独立的构建块基于通用的数据结构（黑板）针对特定的问题共同收集信息。其中每个构建块负责解决整体问题的特定部分。各构建块独立运作，其方法取决于整体问题解决流程的当前进度。 摘自[BM++96]："黑板架构模式对于尚无确定性解决策略的问题十分有效。多个专门的子系统可以各自贡献信息形成（可能的）部分或近似解决方案。"	[BM++96，p. 71]
自下而上方法	是一个用于定义建模及设计工作"方向"的概念，指从具体的（专门、细节的）元素着手逐步上升到抽象（一般化）元素 →自上而下	
Broker（经纪人模式）	架构模式之一，适用于所构建的组件元素通过服务调用的方式进行交互的系统。根据此模式，各项服务会向代理程序进行注册，由代理程序负责管理客户端之间的通信（即客户端通过代理程序使用服务）。 示例：通用对象请求代理架构（Common Object Request Broker Architecture，CORBA） 摘自[BM++96]："Broker 架构模式可用于构建通过解耦组件进行远程服务调用来交互的分布式软件系统。Broker 组件负责协调通信，例如转发请求以及传输结果和异常等"	[M++96，p. 99]
构建块	是对用于组建软件的各类工件的一般性或抽象称呼。 是软件架构静态结构（构建块视图）的组成部分。 各构建块可以采用分层结构，并可包含其他（更小的）构建块。 构建块也可以视情况称为组件、模块、包、命名空间、类、文件、程序、子系统、函数、配置、数据定义等	第 2 章
构建块视图	用于展示系统的静态结构及其源代码（实现）的组织形式	
业务架构	"是形成企业组织共识的企业蓝图，其作用是明确战略目标和策略需求。" 对象管理组织企业架构工作组 另请见→企业 IT 架构	

（续表）

术语	解释/定义	来源
基数	用于指明→关联数量(即指明→关联所涉及的对象或构建块数量)	[Bal00]
类图	是一种用于表述类、类的属性、运行情况及→相互关系(→关联)的UML图示	
内聚	是指构建块、组件或模块中各个元素之间的整体化程度。该特性可衡量特定组件中各功能模块之间的关系强度。在内聚化系统中，功能具有强关联。内聚通常可分为高内聚和低内聚两个类别。高内聚意味着较好的易复用性、低耦合及较好的易理解性，因此应尽量保证高内聚	
组件	见→构建块。是指架构的结构元素	
组件图	是一种用于表述各组件、组件的供接口和需接口以及其各自之间相互关系的UML图示	
组件视图	是一种用于表述各个组件及组件之间相互关系的架构视图。可使用UML2组件图作为注释方法之一	
组合	是指将简单的元素(例如函数、数据类型、构建块)组合形成更复杂、更有效或功能更强的元素。 在UML中，被包含元素会自动被所属元素取代	[Bal00]
配置管理	摘自[IEEE 610.12-1990]： “是指通过技术及行政管理指导及监控对配置项的功能和物理特性进行识别及文档记录、对各项特性进行变更控制、对变更处理及实现状态进行记录和报告以及对变更符合特定需求的情况进行验证的工作。”	[IEEE 610.12-1990]
耦合	耦合表示了不同软件构建块之间的相互依赖类型及程度。它是对两个组件之间关联紧密程度的量度。耦合程度应尽可能低。耦合程度通常与内聚程度相互比较。低耦合通常代表着高内聚，反之亦然。较低的耦合程度是系统构建良好的标志。配合较高的内聚则表示系统具有优秀的易理解性和维护性	
数据类型耦合	使用通用数据类型或结构耦合	
DDD	→领域驱动设计	
委托	是指一个构建块将一项任务委托给另一个构建块执行，自身不直接执行。 另请见→依赖，→关系	
依赖	见→耦合	
依赖注入	是指构建块之间的使用或包括关系在运行时由专门的组件创建，而不由对应的构建块自身创建。比较著名的例子包括Spring或Google Guice。 见 http://martinfowler.com/articles/injection.html#FormsOfDependencyInjection	
部署视图	是一种展示系统或工件部署或执行所在技术基础设施的架构视图。 “该视图可定义系统运行的目标物理环境，其中包括系统所需的硬件环境(例如处理节点、网络连接情况以及磁盘存储设备等)、系统中各节点(或节点类型)的技术环境要求以及各软件元素对负责执行这些元素的运行时环境中的映射”(如Rozanski+2011所定义)	

(续表)

术语	解释/定义	来源
设计原则	是指一系列可帮助软件开发人员设计并实现更佳解决方案的指导原则。其中“更佳”一词是指能够避免出现下列三种不良特性。 ■ 僵化:更改系统或元素会影响很多其他元素,造成更改困难; ■ 脆弱性:更改元素会导致出现意外结果、缺陷或给其他元素造成负面影响; ■ 固化:元素无法与系统其他部分分离,因此难以复用。 这些特性由罗伯特·马丁提出,引用自 OODesign.com	[Mar03],[ES10]
DIN ISO/IEC 9126	[ISO 9126]:软件工程-产品质量。 其中对软件的质量特性进行了说明	[ISO/ IEC 9126]
DIN ISO/IEC 25010	[ISO 25010]:系统和软件工程-系统以及软件质量要求与评估-系统、软件质量模型等。 其中对软件的质量特性进行了说明	[ISO/ IEC 25010:2023]
领域驱动设计	是指基于功能抽象对软件系统的设计与实现。领域驱动设计实现了以功能为导向的实体和服务作为整体软件架构的基本元素。 在实践中,领域驱动设计需要配合测试驱动开发使用	[Eva04]
动态视图	是一种用于描述一个或多个构建块动态行为的架构视图。例如,动态视图可描述多个构建块在某个特定用例场景下的交互情况。 →运行时视图	
嵌入式系统	摘自[GB03]:“是指用于执行专门功能的计算机硬件和软件的结合,亦可能额外结合机械或其他部件。” 嵌入式系统中包含了嵌入到物理对象中的软件。在可用硬件资源高度受限的情况下,嵌入式系统需要执行大量对数据信息安全性和功能稳定性要求严格的任务,同时还需要满足严苛的功能性和质量需求。其功能主要涉及调节、控制或通信	第 2 章 [GB03]
封装	封装技术由下列概念其一或二者共同构成: ■ 限制对对象部分组件的访问; ■ 将数据与操作数据的方法或函数绑定。 封装是一项信息隐藏机制	
企业 IT 架构	同义词:企业架构。 是指整体企业组织 IT 系统支持的结构和理念。 企业组织架构中的不同细分对象就是各个软件系统,或称为各“应用程序”	
外观	外观模式是设计模式的一种,其从属于结构模式系列。外观模式可为子系统中的一系列接口提供标准化的接口,且该接口通常来说会是简化的接口。 外观模式可将功能分配给子系统的其他类,从而简化子系统的使用	
FMC	Fundamental Modeling Concepts,基本建模概念,是指系统建模的图形注释。 见:http://fmc-modeling.org	
功能性需求	翻译并摘自[PR15]:“功能需求定义了某个系统或该系统中某个组件所应提供的系统功能。”	[PR15]

（续表）

术语	解释/定义	来源
网关（模式）	摘自[Fow03]："是指用于封装对外部系统或资源访问的对象。"	[Fow03, p. 466]
硬件耦合	是指软件构建块与软件运行所在硬件的耦合。例如，通过从构建块内部直接访问硬件形成耦合。	
硬件/软件协同设计	指同时包含硬件及软件构建块的系统设计方法。其中硬件和软件的设计以集成过程的形式展开（即不使用预定义或已有的硬件平台，而是将目标系统细分成硬件和软件部分，根据细分情况分别对硬件和软件进行设计）	
信息隐藏	一种设计原则：对于特定的构建块，仅提供保证该构建块正确使用所必需的信息（即不提供实现细节、设计决策等类似信息）	
信息系统	信息系统的主要功能是信息的管理和处理。该系统需要管理、处理、评估及计算海量的数据或复杂的数据结构，还要交互式地同时服务于成千上万的用户	第 2 章
继承	这一概念的作用是使所定义的一类对象的子类继承一个或多个一般类的定义、属性、操作及关系。 ■ 单一继承：仅从一个其他对象继承； ■ 多重继承：可从多个对象继承	[Bal00]
接口	是指两个构建块之间相互交互或通信的边界	第 2 章
iSAQB®	International Software Architecture Qualification Board，是一家致力于软件架构师培训标准化的协会组织。 见：http://www.isaqb.org	
ISO/IEC/IEE 42010:2011	[ISO 42010]： 系统与软件工程-架构说明 定义了架构、视角及视图的描述框架	[ISO/IEC/IEEE 42010：2022 Software, systems and enterprise Architecture description]
MDA	Model Driven Architecture，模型驱动架构。 是对象管理组织（Object Management Group，OMG）关于模型驱动软件开发的一项标准。OMG 在 MDA 指南 2.0（MDA Guide 2.0）中给出的定义是： "MDA 是一套依靠模型和架构产生价值，进而为物理、组织及 IT 系统①全生命周期提供支持的方法。" 见：http://www.omg.org/mda/specs.htm	[MDA Guide 2.0]
MDSD	Model-Driven Software Development，模型驱动软件开发。翻译并摘自[RH06]： "模型驱动软件开发是指以可用作自包含开发工件的模型为核心的软件开发流程"	[RH06]

① 此处"系统"可以指任意组织方式安排的部件及其内部相互关系作为一个整体的共同作用结果。其中包括在整体企业组织、流程、信息结构或 IT 系统等全部层级下的所有设计。

（续表）

术语	解释/定义	来源
模型	是对系统的抽象描述，其中会包含有关特定问题的全部细节	
基于模型的开发	见→MDSD	
建模工具	指可用于创建模型（如UML或BPMN）的工具。它可用于为文档编制形成一致性图示。每个模型元素仅产生一次，但可在多个图示中连贯展示（相对于简单绘图工具）	
节点	是工件部署和执行所需的一类处理资源（执行环境、处理器、机器、虚拟机、应用程序服务器）	
非功能性需求	是指与系统功能无关的系统开发需求。 非功能需求通常与质量特性相关，或用于指定系统开发的相关条件	
开/闭原则	摘自[Mey88]："……软件实体（类、模块、函数等）应对扩展开放，但对修改封闭。"	[Mey88]
包图	是指用于表述包、包内容以及包之间依赖及相互关系的UML图	
原型	原型是所规划产品或组件的模型，其可用作相关的用途，但通常采取了简化的形式。原型可以仅在外观方面对应最终产品，也可在技术方面对应。原型通常用作批量生产的预备，但也可作为仅用于展示特定理念所设计的一次性产品。原型是设计和开发流程中的一个重要阶段，其不仅仅用于技术范畴	
原型设计	或称为原型构建，是指针对特定解决方案提供快速结果及早期反馈的一种方法。该方法有助于早期发现问题、早期提出修改需求，相比在软件实现完成后才发现问题，它可大幅减少修正/实现所需工作量	
代理（模式）	代理（模式）是设计模式的一种，其从属于结构模式系列。代理模式可以将对象的控制权移交到上游的代理对象	
定性架构评估	指通过不同质量特性对系统进行评估。 评估需要针对每个质量特性执行（通常采用主观形式），以确定系统是否满足需求特性以及满足程度如何，或者系统是否存在无法满足的风险	
（软件）质量	根据[ISO/IEC 25010]，软件产品的质量是通过维护性或效率等质量特性进行描述的	[ISO/IEC 25010]
质量属性	软件质量是指系统具备预期各项属性组合的程度（→软件质量）。 重要的质量属性包括性能、稳健性、信息安全性、灵活性、可靠性、维护性等。另请见ISO 25010。 请注意区分： ■ 运行时质量属性（可在系统执行时观察到）； ■ 非运行时质量属性（在软件执行时无法观察到）； ■ 业务质量属性（成本、进度、适销性、是否适合目标企业组织）。 运行时质量属性的示例包括功能性、性能、信息安全性、可用性、易用性以及互操作性。 非运行时质量属性的示例包括易修改性、易移植性、易复用性、易集成性及易测试性	[DIN 55350-11，1995-08，Nr. 5]

（续表）

术语	解释/定义	来源
质量模型	质量模型可通过提供更多的细节和具体内容来阐述软件质量的概念。它主要通过产生多个子术语，进而形成术语及子术语的树形（或网状）结构	
关系	用于表述架构中各元素之间相互依赖关系的一般性术语。架构内存在有不同类型的关系，例如调用、通知、所属、包含、创建、继承等	
运行时视图	用于展示构建块（或其实例）在特定场景下的运行时合作或协作情况。需要引用→构建块视图的元素。可以（但不是必须）以 UML 时序或活动图的形式表达	
时序图	UML 图示的一个类型。是基于时间对对象和类之间消息传递的图形展示（使用垂直的时间轴）。其中，消息表示为水平线，对象和类表示为垂直虚线。 时序图用于对运行时视图场景建模	[Bal00]
软件	引用自[IEEE 610.12-1990]： “是指与计算机系统运行相关的各种计算机程序、过程以及配套的文档和数据。”	[IEEE-610.12-1990]
软件架构	引用自[ISO/IEC/IEEE 42010：2022]： “是通过各组件、组件之间相互关系、组件与环境关系以及设计及迭代指导原则所表现的系统基本组织情况。” 软件架构定义了系统组织的基本原则和规则、系统中各构建块和接口的结构形式以及构建块和接口与彼此及周边环境的关系，从而定义了从分析到设计到实现再到运营和完善覆盖系统全生命周期的指导原则。此外，其还定义了开发和运营部门的工作指导原则	[ISO/IEC/IEEE 42010：2022] 第 2 章
软件密集型系统	是指用于完成系统预期用途的一系列构建块的组合。其中构成软件整体或主要部分的构建块负责执行实现系统用途的主要任务。系统的软件元素由一系列程序、过程、数据及相关文档构成	第 2 章
软件质量	翻译并摘自[Bal00]：“软件质量是指影响软件产品实现预定或预期需求的全部特性及特征值。” 这一定义仅指产品质量，不对应过程质量	[Bal00]
利益相关方	利益相关方是指对某项流程或某个项目的过程存在相关利益的人员或组织。 利益相关方（项目参与方）包括所有受系统开发和运营所影响的人员、机构以及文档。其中也包括不参与系统开发，但负责例如对新系统进行维护或针对新系统提供培训服务的人员或其他相关人员。 利益相关方是待开发系统或产品目标、需求和限制条件的信息提供方	
场景	(1) 是指系统的范例序列；流程步骤序列。系统的各项任务或过程可通过使用一系列场景进行文档记录。 (2) 评估场景	[Bal00]
系统	是真实或理论世界的一个组成部分，其由多个存在不同相互关系的子系统（构建块、分系统、组件）所构成。 引用自[IEEE 610.12-1990]： “是指用于完成某个或某一系列特定功能的组件集合。”	[Bal00] [IEEE 610.12-1990]

（续表）

术语	解释/定义	来源
TOGAF	The Open Group Architecture Framework，开发组织架构框架。 用于企业组织架构的一套框架。 见：http://www.opengroup.org/togaf	
自上而下方法	是一个用于定义建模及设计工作“方向”的概念，指从抽象（一般化、高层次）的元素着手，逐步过渡到具体的（细节的）元素。 →自下而上	
UML	Unified Modeling Language，统一建模语言。 是一种用于软件组件及其他系统相关规范、设计及文档记录的图形建模语言。由对象管理组织（Object Management Group，OMG）管理开发，并由 OMG 进行标准化，其 2.1.2 版本由 ISO 标准化（ISO/IEC 19505：2012）	
效用树（Utility Tree）	也称为质量树。 是指一种用于定义质量需求的系统方法工具。效用树的“根部”（质量属性）由“质量”一词构成，“树枝”是各个质量属性/特性（根据需要可以分层细化）。“树叶”则用于表述各项质量需求的场景及具体描述	
视图	→架构视图 从特定关注点视角出发对系统的呈现	
白盒（白盒视图）	用于描绘以黑盒及黑盒之间相互关系以及构建块外部接口的形式表现的系统或构建块的内部结构。 →黑盒	

参 考 文 献

本部分内容包含德语及英语参考文献。引用时分别采用了德语和英语。德语引用添加了[DE]附注。

[**ARC**42] The arc42 Template. *https://arc42.org/*.

[**Bal**00] [**DE**] Balzert, H.: Lehrbuch der Software-Technik-Software-Entwicklung. 2. Aufl., Spektrum Akademischer Verlag, Heidelberg, 2000.

[**BCK**03] Bass, L.; Clements, P.; Kazmann, R.: Software Architecture in Practice. 2nd ed., Addison-Wesley Professional, 2003.

[**BJ**+06] [**DE**] Broy, M. et al.: Dagstuhl-Manifest zur Strategischen Bedeutung des Software Engineering in Deutschland. Dagstuhl Seminar Proceedings, 2006. *http://drops.dagstuhl.de/opus/volltexte/*2006/585.

[**BM**00] [**DE**] Bundesministerium für Bildung und Forschung (BMBF): Analyse und Evaluation der Softwareentwicklung in Deutschland, 2000. *https://www.iese.fraunhofer.de/content/dam/iese/de/documents/ Softwareentwicklung_Deutschland_Evasoft_tcm*122-7431.*pdf*.

[**BM**++96] Buschmann, F.; Meunier, R.; Rohnert, H.; Sommerlad, P.: A System of Patterns: Pattern-Oriented Software Architecture, Volume 1. John Wiley & Sons, 1996.

[**BW**97] Buchi, M.; Weck, W.: A Plea for Gray-Box Components. Turku Centre for Computer Science, 1997.

[**CB**++10] Clements, P.; Bachmann, F.; Bass, L.; Garlan, D.; Ivers, J.; Little, R.; Merson, P.; Nord, R.; Stafford, J.: Documenting Software Architectures: Views and Beyond. 2nd ed., Addison-Wesley, 2010.

[**CKH**05] [**DE**] Conrad, S.; Koschel, A., Hasselbring, W.: Enterprise Application Integration. Spektrum Akademischer Verlag, Heidelberg, 2005.

[**CKK**02] Clements, P.; Kazman, R.; Klein, M.: Evaluating Software Architectures-Methods and Case Studies. Addison-Wesley Professional, 2002.

[**Clem**03] Clements, P.: Documenting software architectures: views and beyond. Addison-Wesley, 2003.

[**CoCoME**] Modelling Contest: Common Component Modelling Example (CoCoME). GI-Dagstuhl Research Seminar. *http://www.cocome.org*.

[**DE**++09] [**DE**] Dunkel, J.; Eberhardt, A.; Fischer, F.; Kleiner, C.; Koschel, A.: Systemarchitekturen für Verteilte Anwendungen, Hanser Verlag, München, 2009.

[**Die**00] [**DE**] Diethelm, G.: Projektmanagement, Bd. 1: Grundlagen. NW Verlag, Berlin, 2000.

[**Dij**72] Dijkstra, E. W.: The humble programmer. Communications of the ACM CACM, Vol. 15, Issue 10, Oct., pp. 859-866, 1972.

[**D'SW**98] D'Souza, D. F.: Objects, Components, and Frameworks with UML: The Catalysis Approach. Addison-Wesley Professional, 1998.

[**Dum**01] [**DE**] Dumke, R.: Software Engineering: Eine Einführung für Informatiker und Ingenieure. 3. Aufl., Vieweg, Braunschweig, Wiesbaden, 2001.

[**Eel**05] Eeles, P.: Capturing Architectural Requirements, IBM, 2005. *http://www.ibm.com/developerworks/rational/library/4706.html*.

[**EH**+08] [**DE**] Engels, G.; Hess, A.; Humm, B.; Juwig, O.: Quasar Enterprise-Anwendungslandschaften serviceorientiert gestalten. dpunkt.verlag, Heidelberg, 2008.

[**EK**08] El Emam, K.; Koru, A. G.: A Replicated Survey of IT Software Project Failures. IEEE Software, Vol. 25, No. 5, pp. 84-90, 2008.

[**ES**10] [**DE**] Eilebrecht, K.; Starke, G.: Patterns kompakt: Entwurfsmuster für effektive Software-Entwicklung. 3. Aufl., Spektrum Akademischer Verlag, Heidelberg, 2010.

[**EV**10] Eveleens, J. L.; Verhoef, C.: The Rise and Fall of the Chaos Report Figures. IEEE Software, Vol. 27, No. 1, pp. 30-36, 2010.

[**Eva**04] Evans, E.: Domain Driven Design. Addison-Wesley, 2004. *http://dddcommunity.org/book/evans_2003/*.

[**Fow**99] Fowler, M.: Refactoring-Improving the Design of Existing Code. Addison-Wesley, 1999.

[**Fow**03] Fowler, M.: Patterns of Enterprise Application Architecture. Addison-Wesley, Boston, 2003.

[**GB**03] Ganssle, J.; Barr, M.: Embedded Systems Dictionary. 2003.

[**GEM**04] Grünbacher, P.; Egyed, A.; Medvidovic, N.: Reconciling software requirements and architectures with intermediate models. Software and System Modeling 3(3), pp. 235-253, 2004.

[**GHJ**94] Gamma, E.; Helm, R.; Johnson, R. E.: Design Patterns. Elements of Reusable Object-Oriented Software. Addison-Wesley Longman, Amsterdam, 1994.

[**HM**+07] Herold, S.; Metzger, A.; Stallbaum, H.; Rausch, A.: Towards Bridging the Gap between Goal-Oriented Requirements Engineering and Compositional Architecture Development. Proc. of the Second Workshop on Sharing and Reusing Architectural Knowledge-Architecture, Rationale, and Design Intent. ICSE 2007, Minneapolis, May 2007.

[**HNS**99] Hofmeister, C.; Nord, R.; Soni, D.: Applied Software Architecture. Addison-Wesley Professional, 1999.

[**HS**11] [**DE**] Hruschka P.; Starke, G.: arc42-Ressourcen für Software-Architekten, 2011. *http://www.arc42.de*.

[**isaqb-curriculum**] International Software Architecture Qualification Board e. V. (iSAQB), Downloads Documents. *https://www.isaqb.org/wp-content/ uploads/2017/11/isaqb-*

Curriculum-foundation-v4-1-1-2017-EN_new.pdf.

[**isaqb-PuB**_2017] Examination Rules and Examples-Certified Professional for Software Architecture Foundation Level. International Software Architecture Qualification Board e. V., Version: 1.5. 2017-11-27. *https://www.isaqb.org/wp-content/uploads/2017/11/iSAQB_CPSA_ Foundation_ Examination_Guide_EN_1.5.pdf*.

[**Kru**95] Kruchten, P.: Architectural Blueprints-The "4+1" View Model of Software Architecture. IEEE Software 12 (6), Nov., pp. 42-50, 1995.

[**Lit**05] [**DE**] Litke, H.-D. (Hrsg.): Projektmanagement-Handbuch für die Praxis. Hanser Verlag, München, 2005.

[**Mar**03] Martin, R.C.: Agile Software Development, Principles, Patterns, and Practices. Pearson Education, Upper Saddle River, 2003.

[**May**05] [**DE**] Mayr, H.: Projekt Engineering: Ingenieurmäßige Softwareentwicklung in Projektgruppen. 2. Aufl., Fachbuchverlag, Leipzig, 2005.

[**McC**76] McCabe, T. J.: A Complexity Measure. IEEE Transactions on Software Engineering, Vol. SE-2, pp. 308-320, 1976.

[**MDA Guide** 2.0] Object Management Group: Model Driven Architecture (MDA): The MDA Guide rev. 2.0, *http://www.omg.org/mda*.

[**Mey**88] Meyer, B.: Object Oriented Software Construction. Prentice Hall, 1988.

[**MRW**77] McCall, J. A.; Richards, P. K.; Walters, G. F.: Factors in Software Quality, Vol. I-III, Rome Air Development Centre. Technical Report, New York, 1977.

[**NSPE**] NSPE Code of Ethics for Engineers. *http://www.nspe.org/Ethics/CodeofEthics/index.html*.

[**Nus**01] Nuseibeh, B.: Weaving the Software Development Process Between Requirements and Architecture. Proc. of ICSE 2001 Workshop STRAW-01, Toronto, May 2001.

[**OS**13] [**DE**] Oestereich, B.; Scheithauer, A.: Analyse und Design mit UML 2.5: Objektorientierte Softwareentwicklung. 11. Aufl., Oldenbourg Verlag, München, 2013.

[**O'RF**+03] O'Rourke, C.; Fishman, N.; Selkow, W.: Enterprise Architecture Using the Zachman Framework. Course Technology, 2003.

[**PR**15] Pohl, K.; Rupp, C.: Requirements Engineering Fundamentals: A Study Guide for the Certified Professional for Requirements Engineering Exam-Foundation Level-IREB compliant. 2nd ed., Rocky Nook, San Rafael, CA, 2015.

[**Reu**12] Reuters, T.: Web of Knowledge. *www.knowledge.reuters.com*.

[**RH**06] [**DE**] Reussner, R.; Hasselbring, W. (Hrsg.): Handbuch der Software-Architektur, dpunkt.verlag, Heidelberg, 2006.

[**RM-ODP**] RM-ODP Wiki. *https://en.wikipedia.org/wiki/RM-ODP*.

[**RQ**+12] [**DE**] Rupp, C.; Queins, S.: UML 2 glasklar: Praxiswissen für die UML-Modellierung. 4. Aufl., Hanser Verlag, München, 2012.

[**RR**++08] Rausch, A.; Reussner, R.; Mirandola, R.; Plásil, F.: The Common Component Modeling Example. LNCS 5153, Springer-Verlag, Heidelberg, Berlin, 2008.

[**SAGA**08] [**DE**] Standards und Architekturen für E-Government-Anwendungen (SAGA), Bundesministerium des Innern (BMI), Version 4.0, Stand: März 2008.

[**SD**00] [**DE**] Siedersleben, J.; Denert, E.: Wie baut man Informationssysteme? Überlegungen zur Standardarchitektur. Informatik Spektrum, Vol. 23, No. 4, S. 247-257, 2000. *http://www.springerlink.com/content/jdfaxdb44n15levh*.

[**SEI Def**] Software Architecture, Community Software Architecture Definitions. *http://www.sei.cmu.edu/architecture/start/glossary/community.cfm*.

[**Sie**03] [**DE**] Siedersleben, J. (Hrsg.): Quasar: Die sd&m Standardarchitektur, Teil I. *https://docplayer.org/19346553-Quasar-quasar-die-sd-m-standardarchitektur-teil-1-johannes-siedersleben-hrsg.html*.

[**Sie**04] [**DE**] Siedersleben, J.: Moderne Softwarearchitektur-Umsichtig planen, robust bauen mit Quasar. dpunkt.verlag, Heidelberg, 2004.

[**Sta**15] [**DE**] Starke, G.: Effektive Softwarearchitekturen: Ein praktischer Leitfaden. 7. Aufl., Hanser Verlag, München, 2015.

[**Sta**99] Standish Group International, Inc.: CHAOS: A Recipe for Success, 1999.

[**SV**99] Sharipo, C.; Varian, H. R.: Information Rules. A Strategic Guide to the Network Economy. Harvard Business School Press, Boston, Mass., 1999.

[**Szy**98] Szyperski, C.: Component Software: Beyond Object-oriented Programming. Addison-Wesley Longman, Amsterdam, 1998.

[**TOGAF**] TOGAF Version 9.2 "Enterprise Edition". *http://www.opengroup.org/togaf*.

[**TT**+00] Tapscott, D.; Ticoll, D.; Lowry, A.: Digital Capital. Harnessing the Power of Business Webs. Harvard Business School Press, Boston, Mass., 2000.

[**UML-1a**] UML-Specification: *http://www.omg.org/technology/documents/formal/uml.htm*.

[**UML-1b**] Object Management Group (OMG), UML 2.3 Infrastructure Specification, 2010. *http://www.omg.org/spec/UML/2.3/Infrastructure/PDF*.

[**UML-1c**] Object Management Group (OMG), UML 2.3 Superstructure Specification, 2010. *http://www.omg.org/spec/UML/2.3/Superstructure/PDF*.

[**VA**++09] [**DE**] Vogel, O.; Arnold, I.; Chughtai, A.; Ihler, E.; Kehrer, T.; Mehlig, U.; Zdun, D.: Software-Architektur, Grundlagen-Konzepte-Praxis. 2. Aufl., Spektrum Akademischer Verlag, Heidelberg, 2009.

[**Vit**60] Vitruvius: The Ten Books on Architecture. Dover Publications, 1960.

网站：

www.ireb.org International Requirements Engineering Board e.V. (IREB)

www.isaqb.org International Software Architecture Qualification Board e.V. (iSAQB)

www.istqb.org International Software Testing Qualifications Board (ISTQB) *www.pmi.org* Project Management Institute (PMI)

相关标准：

[**DIN** 55350-11:2008-05] DIN 55350-11:2008-05-Concepts for quality management-Part 11: Supplement to DIN EN ISO 9000:2005.

[**DIN** 66272, 1994-10] DIN 66272, 1994-10-Information technology-Software product evaluation-Quality characteristics and guidelines for their use.

[**IEEE** 610.12-1990] IEEE Standard Glossary of Software Engineering Terminology, *http://standards.ieee.org/findstds/standard/*610.12-1990*.html*.

[**ISO/IEC** 9126] ISO/IEC 9126-1:2001 Software engineering-Product quality-Part 1: Quality model (identical with [DIN 66272, 1994-10], Information technology-Software product evaluation-Quality characteristics and guidelines for their use).

ISO/IEC TR 9126-2:2003 Software engineering-Product quality-Part 2: External metrics.

ISO/IEC TR 9126-3:2003 Software engineering-Product quality-Part 3: Internal metrics.

[**ISO/IEC** 25010] ISO/IEC 25010:2011 Systems and software engineering-Systems and software Quality Requirements and Evaluation (SQuaRE)-System and software quality models.

[**ISO/IEC/IEEE** 42010:2011] ISO/IEC/IEEE 42010:2011-Systems and software engineering-Architecture description.

索引

本索引条目后的页码对应英文原版书 *Software Architecture Fundamentals*, 2nd *edition*，以便读者对照查阅英文术语及关键词。